U0284895

家常卤肉
这样做最好吃

杨桃美食编辑部 主编

江苏凤凰科学技术出版社

图书在版编目（CIP）数据

家常卤肉这样做最好吃 / 杨桃美食编辑部主编 . —南京 : 江苏凤凰科学技术出版社 , 2015.10（2020.3 重印）
（食在好吃系列）
ISBN 978-7-5537-4962-4

Ⅰ . ①家… Ⅱ . ①杨… Ⅲ . ①酱肉制品 – 食品加工
Ⅳ . ① TS251.6

中国版本图书馆 CIP 数据核字 (2015) 第 152560 号

家常卤肉这样做最好吃

主　　编	杨桃美食编辑部
责任编辑	葛　昀
责任监制	方　晨
出版发行	江苏凤凰科学技术出版社
出版社地址	南京市湖南路 1 号 A 楼，邮编：210009
出版社网址	http://www.pspress.cn
印　　刷	天津旭丰源印刷有限公司
开　　本	718mm × 1000mm　1/16
印　　张	10
插　　页	4
字　　数	250 000
版　　次	2015年10月第1版
印　　次	2020年3月第2次印刷
标准书号	ISBN 978-7-5537-4962-4
定　　价	29.80元

Preface | 序言

美味家常卤肉，那滑而不腻、丰富多变的浓郁口感，并非需要准备复杂的卤包材料才能做出来。将肉和配料准备好，再利用家中常备的调料、香辛料一同入锅卤制，一道简单的家常卤肉，就这样轻而易举地做出来了。卤制方法简单、易做，卤肉风味也不输于专业卤味店做出来的美味。

利用香辛料调配出来的卤汁，将肉卤至入味、上色后，再搭配盐、酒、糖、醋、酱等调料进一步增味提鲜，这样卤制出来的肉类珍馔，不仅会散发出直逼鼻翼的香气，而且还具有利于人体吸收的营养价值。

常用来卤肉的香辛料有沙姜、草果、香叶、桂皮、丁香、花椒、陈皮、八角、五香等，它们经过长时间的炖煮之后，会释放出各自的营养元素，被人体适量吸收之后，多多少少能够补益身心。如香叶具有暖胃消滞的作用，甘草具有补中益气、泻火解毒的作用，而熟地具有滋阴补血的作用等。

卤肉色香味俱全的关键，除了选择适当的辛香料和调料调味、上色之外，合理的配料选择也很重要。

相同的肉类因加入不同的日常材料一同卤制，风味、口感也会大有不同。如鱿鱼干卤肉，因加入了泡软的鱿鱼干，使得卤肉吃起来带有一股鱿鱼的特殊香气，口感层次也丰富不少；而加入了腌制蔬菜的卤肉，因蔬菜经腌制之后，会将蔬菜原有的香气浓缩起来，与肉一同炖煮之时，蔬菜的香味就会完全渗入到肉中，从而让卤肉风味更加诱人，常见的有菜花干卤肉、咸冬瓜卤肉、榨菜卤肉等。

以可乐、啤酒、红酒、柠檬汁、椰奶、茶叶等特殊材料作为配料的卤肉，不但风味独特、香气怡人，它们还可以说是卤肉制作的“加速武器”。比如做家常牛肉卤味时，可于牛肉卤汁中倒入红酒或柠檬汁，因其含有特殊的营养成分，从而能加快肉质的软化速度，让牛肉更快软烂入味；再加上红酒自身的香醇之气，使得卤制出来的牛肉口感更加细腻、层次丰富。另外，卤制美味猪蹄的过程中，还可加入些许高山茶、乌龙茶等味道醇香的茶叶，不但能让您的猪蹄卤味快速出锅，尝起来时还会有股淡淡的甘甜茶香。

不论是普通的家常卤肉，还是别有风味的创意卤肉，都一直风靡至今、各具特色。其中较经典流行的有色泽味浓、麻辣鲜香的四川卤肉，家喻户晓、声名远扬的泉州卤鸡爪，以及香嫩可口、别具特色的潮汕卤肉，而这些在我们的家常卤肉中其实很常见，也很容易制作。可不要因为您传统、复杂的卤肉观念，而望而却步。

本书精选近200道广受欢迎的卤肉菜谱，带您从简单的卤猪肉，到口感丰富、风味独特的牛羊卤味、鸡鸭卤味逐步学习，从而帮助您变着花样做出各式卤肉菜色，不但能满足您对卤肉的多种口感追求，还能丰富您的餐桌，让您对卤肉百吃不腻。

此外，对于卤肉常用的中药材、卤肉的事前准备以及卤肉软烂入味的秘诀，本书也会一一介绍，以大大提高您的卤制效率和卤味质量。对于吃不完的卤肉，本书还会告诉您正确的保存方法和加热也美味的小秘招，让您的卤肉无论何时拿出来品尝，都能美味依旧。

喜欢卤肉的您，或者对卤肉菜品不熟悉的朋友，只要参照本书介绍的多种卤肉制作方法，想要什么样的口味，都能自己在家利用简单的调料、香辛料制作出来。也可以加点苹果汁、柠檬汁，做成果汁卤肉，或倒点啤酒做出啤酒卤鸭等，只需小小的创意，就能做出卤肉的另一番风味，从而让多种经典、特色的卤肉成为您随手拈来的家常菜品。

Contents | 目录

美味卤肉简单易做

PART 1
小材料、大风味的卤猪肉

PART 2
风味独特的牛羊卤味

PART 3
鲜嫩多汁的鸡鸭卤味

单位换算

固体类 / 油脂类

1茶匙 = 5克
1大匙 = 15克
1小匙 = 5克

液体类

1茶匙 = 5毫升
1大匙 = 15毫升
1小匙 = 5毫升
1杯 = 240毫升

美味卤肉简单易做

卤肉其实是烹饪方法较简单的菜品，将肉类、配料、调料、水，按照正确步骤放入锅中后，掌握好卤制的关键几步及卤制时间，一锅卤肉就轻轻松松完成了。不论是拿来配饭、配面、夹馒头或搭配面包食用等，都很方便、美味。

在大多数人的观念中，做卤肉既麻烦又耗时间，总是要准备一大堆的卤包材料，让人光想就头疼。然而，这样的卤肉观念已经过时了，在这里，我们不需要每道卤肉都必须准备好卤包，只要简单利用家中常备的香辛料与调料，也能轻松卤出好味道。

此外，对于卤肉常用的药材、卤肉的事前准备以及卤肉软烂入味的秘诀，本书都会一一给您列明，以大大提高您的卤制效率和卤味质量。对于吃不完的卤肉，本书也会告诉您正确的保存方法和加热也美味的小秘招，让您的卤肉无论何时拿出来品尝，都能美味依旧。

卤肉常用药材简介

沙姜

可减少肉的膻腥味，还具有温中散寒、理气止痛的作用，并能促进肠胃的蠕动。

川芎

属伞形科植物，是以根作为药材，能祛风止痛、活血行气，可缓解头痛。

甘草

味甘，入口生津，具有补中益气、泻火解毒、润肺祛痰的功效，并能舒缓情绪。

草果

味道带有辛辣，可减少肉腥味，是烧卤鸡的主料。

丁香

可辅助治疗疼痛呕吐、食物中毒，还具有温肾助阳的作用，其香气浓烈，可增进食欲。

桂皮

又称肉桂，取自肉桂树的树皮，可直接用来炖煮。桂皮具有去腥的作用，分棒状与粉状两种，是用途非常广的调料。

小茴香

具有缓解头痛、健胃整肠、消除口臭等功效，也有祛寒止痛、镇定的功效，是烧鱼的常用调料。

月桂叶（香叶）

香气浓郁，具有健胃理气等功效，在烹饪上也可增加肉质的鲜甜度。

熟地

属于补血类中药材，有滋阴补血的效用，与肉共同卤制，能增加卤肉的营养。

孜然

原产于新疆，是新疆烤羊肉串常用的调料，属于清香型的药材。

花椒

具有温中散寒、止泻温脾、暖胃消滞的功效，用在菜肴烹饪中，有防止肉质滋生细菌的效果。

陈皮

是橘子皮晒干后制成，散发特殊味道，用在菜肴烹饪中，可使菜肴吃起来甘爽怡人。

五香粉

味道香浓，是由数种独特的香料混合而成，常见的有八角、肉桂、丁香、花椒及陈皮，适合用于肉类烹饪。需酌量使用，若使用过量，香味反而会呛鼻，也就失去其提味的作用。卤肉时加入适量五香粉，更能突显肉质的美味。

八角

是有八个角的星状果实，香气浓烈，有着甘草香味及微微甘甜味，如果形状完整，密封起来，可存放约2年。其通常不用来直接食用，主要用作调料，帮助去腥、提味。一般情况下，卤肉或红烧烹饪中少不了八角。

卤肉事前准备需做好

制作卤肉之前，有一些准备工作一定要做好，否则卤出来的肉吃起来，口感会大打折扣。就好比夹起猪蹄准备咬下去的一刹那，突然看见黑黑的猪毛，让人顿时食欲减退。

拔毛不可省

如果是带皮猪肉，如猪蹄、猪五花肉等，虽然购买时卖家都会去毛，但是回家还是要检查一遍，因为有些死角中的细毛需要用夹子细心挑除，方可将猪毛去除干净。建议可以先用热水汆烫之后再去毛，这样就比较容易了。

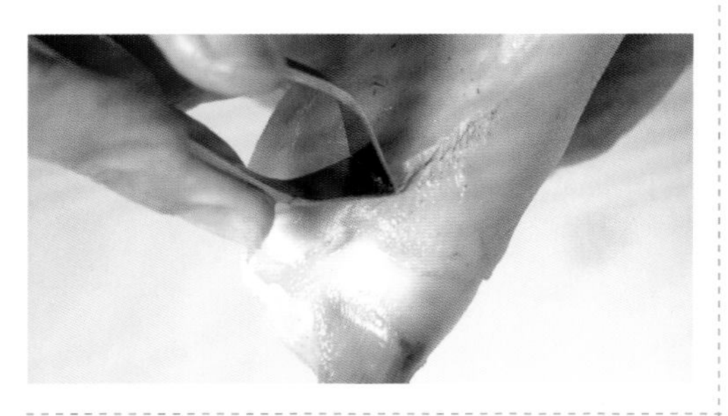

切块有妙招

猪肉通常需要先切块再烹调，但是猪肉软软的不好切，此处教你两个妙招：一是先将猪肉冰冻30分钟（但不是冰得硬邦邦那种）；二是直接大块肉先用热水汆烫一下，让肉定型，避免切的时候不易固定。用这两种方法切出来的肉块，既美观又整齐。

汆烫较卫生

汆烫的主要目的是去脏、去血水，尤其是猪腿部位细菌较多，汆烫过后比较卫生，吃起来也更放心。

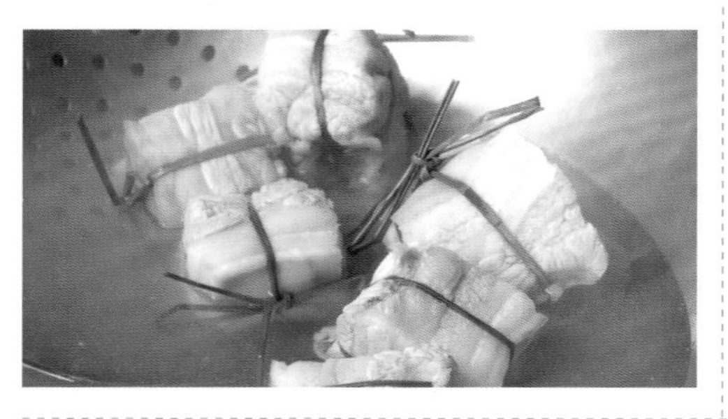

泡水口感佳

猪肉汆烫过后要立刻泡入冷水中，因为肉质加热后膨胀，遇到冷水就会立即收缩，肉质会变得更加紧实，吃起来才会有弹性。

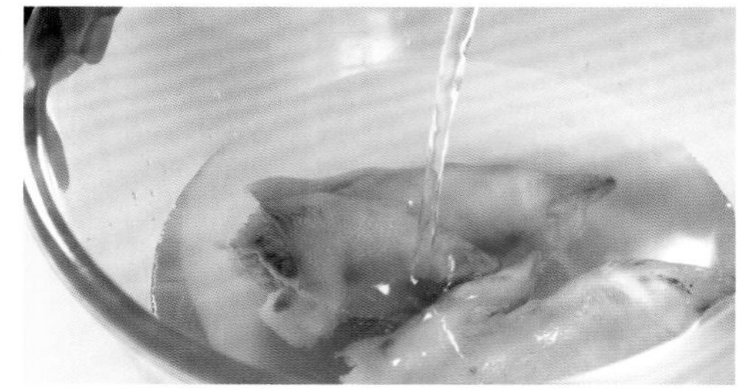

腌制去腥味

猪肉卤制之前需先腌制，通常使用酱油、米酒，或是葱、姜、蒜等味道浓厚的调料以及香辛料腌制，让肉去腥、入味。

油炸不松散

经过长时间地炖煮，肉质会变松，为了避免此现象，炖煮前，先油炸将其定型，避免炖煮时肉质分离和松散，食用起来也有弹性。油炸时，油温应保持在140～160℃，并以大火炸肉，待肉表面呈金黄色时即可捞起。

卤肉软烂入味的秘诀

肉类看起来是简单的食材，但要做出一锅鲜香爽口的卤肉，却不是一件简单的事。从材料的选择、火候的控制、调味的比例，都有讲究。那么，制作卤肉需要了解哪些秘诀，才会更加轻松地卤出一锅芳香四溢的卤肉呢?

秘诀一 挑选肥瘦比例恰当的肉

用来卤制的肉，需要适当的油脂，卤出来的口感才不会太干涩，因此通常选择肥瘦分布均匀的五花肉，一般是肥瘦比例约为2:3的肉块，这种肉块能提供卤肉所需的油脂，而且吃起来又不会太油腻。

秘诀二 自己剁肉增加肉质弹性

要卤出口感好的肉臊，诀窍在于不直接使用肉馅，而是买回整块肉，再慢慢剁成碎丁，剁碎的过程，其实就是为了让肉更有弹性，这样卤出来的口感才会更佳。但是，若嫌剁肉麻烦，可以直接买粗肉馅代替，回家只要稍微剁剁即可。同样，肉馅的肥瘦比例大约是2:3。

秘诀三 重复使用卤汁更美味

卤肉吃完后会剩下卤汁，这时可不要将其倒掉，可以保存好，下次再加入新的肉块继续卤，依个人口味，酌量增添调料及水。因旧卤汁已经含有胶质，味道较浓郁，所以再次用来卤肉，味道会更香。

秘诀四 选择以小火慢卤入味

肉块若一直以大火熬煮，其所含的水分就会快速蒸发，肉质就会变得又干又硬。因此卤肉时，以大火将香料炒出香味后，再以小火慢慢卤1～2个小时，使肉块逐渐入味，这样卤出来的肉质才会软嫩。

秘诀五 添加胶质增加卤汁黏稠度

一锅好吃的卤肉，除了要有适当的油脂外，胶质也是卤汁黏稠的关键。一般可选用带皮五花肉，连皮一起剁碎后，再入锅熬煮至胶质被释放出来，这样卤汁会更香浓味美。如果不喜欢吃猪皮，也可事先将皮切下，与肉分开放入，煮沸后再捞出即可。

卤肉的保存方法

卤肉的制作时间一般较长，所以人们通常都是卤一锅分多次食用，这样比较省时、方便。那么卤肉应该如何保存，才能更好地保持它的美味呢？下面就介绍几种正确的卤肉保存方法。

卤肉、卤汁各自冷藏

当天未吃完的卤肉和卤汁，先分开盛装，然后各自放入冰箱中冷藏。这样不仅能保持卤肉、卤汁的质量，还可方便下次加热食用。

先不加水可保存更久

想要制作够几天食用的卤肉，可先不加水卤制，待每次取出加热时，再加入适量高汤或水煮沸，这样不加水的卤肉可以保存更久。

避免反复进出冰箱

食物从冰箱中取出，再放回去，这个过程是回温的过程，而回温过程中容易造成细菌急速繁殖。所以建议保存卤肉、卤汁之前，可以先用保鲜袋或保鲜盒以小量分装，这样每次只需取出所需分量即可。

煮沸可避免腐坏

没吃完的卤肉要先煮沸，以去除多余水分、杀死残留细菌，再放凉至室温后放入冰箱保存。而且煮沸的卤肉放凉后，表面会有一层浮油，可以让卤肉隔绝空气，从而能够增加卤肉的保存时间。

注意卤肉保存时间

卤肉放入冰箱冷藏，可保存1星期左右；若放入冰箱冷冻，因为卤汁中含胶质与盐分，结冻后有防止腐坏的作用，所以可存放2 个月左右。

放凉后再放入冰箱

热气腾腾的卤肉不能放入冰箱保存，否则会因温度差距过大，对冰箱造成损害，同时也会影响食物的美味。所以卤肉煮沸之后必须放凉，待降至室温时，方可放入冰箱。

卤肉加热也美味的小秘招

要想卤肉加热也美味，除了要正确保存外，再加热的方式也很重要。例如，卤肉和卤汁最好分开加热，使用小火加热等，若不注意这些操作细节，原先辛苦做出来的美味就会受到影响。

利用老卤汁加热

一次卤制完成后，剩下的卤汁可以加入新鲜肉块继续卤，只需再酌量增添调料及水即可。因旧卤汁含有胶质，再次拿来卤肉味道会更香。但前提是，要正确保存老卤汁，确保其不变质才行。

加入米酒或水加热

加热隔夜的卤汁时，其水分会逐渐蒸发，而导致卤汁味道变咸，因此可在加热时倒入适量的水，以避免卤汁过咸，而影响原本的美味。或加入适量米酒，也能避免卤汁加热后变咸，且米酒还有去除特殊气味和腥味的效果。

卤肉、卤汁分开加热

隔夜的卤肉和卤汁取出后，需先将卤汁加热至沸腾后，再将卤肉放入一起加热。若直接将卤肉丢进去加热，容易导致卤肉的肉质变硬，吃起来就没有原先的美味口感了，所以，需先加热卤汁，再放入卤肉，这样才会保持卤肉软嫩多汁的口感。

以小火慢慢加热

经过冷藏或冷冻的卤肉，若取出后直接以大火加热，不但锅子容易焦黑（尤其是冷冻的情况下），肉的水分也会急速蒸发，从而影响肉质的口感。所以，最佳的加热方式，就是以小火慢慢加热，千万不可心急，且加热至卤汁沸腾会更好。

PART 1

小材料、大风味的卤猪肉

许多人觉得卤肉要准备的材料、调料很多，总是因怕麻烦而却步。其实卤肉没那么复杂，只要炒香香辛料，再加入肉与适量调料卤至入味就很美味了。不管是五花肉、梅花肉、排骨还是猪蹄，若带有油花或胶质卤出的口感会更好，卤入味的猪肉不但滑嫩爽口还非常下饭。

焢肉

材料

猪五花肉	600克
水	800毫升
姜片	10克
大蒜	5瓣
葱段	15克
八角	2粒
桂皮	5克
竹笋丝	200克
高汤	500毫升
色拉油	适量

腌料

酱油	1大匙

调料

盐	1/2小匙
鸡精	少许
冰糖	18克
酱油	100毫升
米酒	2大匙

做法

1. 猪五花肉洗净、切厚片，加入腌料拌匀、腌渍约5分钟，备用。
2. 竹笋丝洗净，泡水约2个小时，备用。
3. 取出泡软的竹笋丝，放入沸水中汆烫10分钟后，捞出沥干，备用。
4. 取锅，放入沥干后的竹笋丝、高汤及盐、鸡精、3克冰糖煮沸，再转小火煮约25分钟后，盛盘备用。
5. 热炒锅，倒入色拉油，放入葱段、姜片及大蒜爆香。
6. 再放入腌好的猪五花肉片炒至上色。
7. 接着加入桂皮、八角翻炒均匀。
8. 然后将酱油、15克冰糖、米酒混匀倒入锅中，再加入800毫升水一同煮沸后，转小火煮约1.5个小时后盛盘，最后搭配煮熟的竹笋丝即可。

美味应用

做焢肉最好选用猪五花肉，而且选用的猪五花肉肥瘦比例越接近1:1，烹饪出来的口感越好，否则肥肉太多吃起来会油腻，而瘦肉太多吃起来又较干涩。

五香焢肉

材料

猪五花肉　600 克
五香卤汁　600毫升
（做法见21页）
色拉油　　2大匙

做法

1. 猪五花肉洗净后切大片状，再用水略冲洗干净。热锅倒入色拉油，放入洗净的猪五花肉片，煎至肉片两面上色后取出，再放入五香卤汁中。
2. 待五香卤汁煮至沸腾后，转小火续煮至猪五花肉片软烂入味即可。

美味应用

五花肉经过长时间地卤煮之后，肉质较易变得松散，为了防止此现象发生，通常先将五花肉油炸或干煎过，再放入锅中卤，这样卤出来的五花肉口感既软烂又有嚼劲儿。

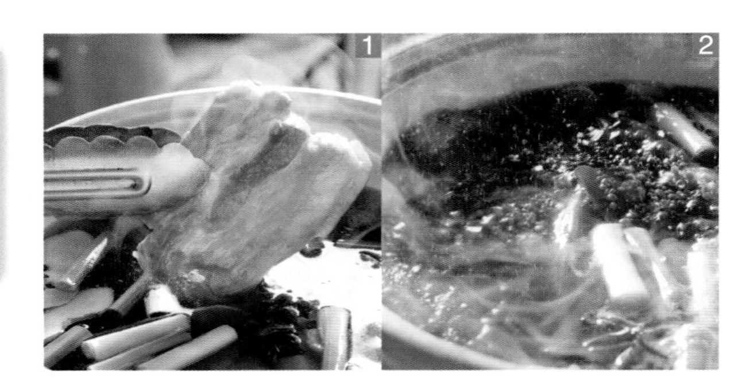

五香卤汁

材料

葱20克，姜25克，大蒜5瓣，水500毫升，色拉油2大匙

调料

酱油500毫升，冰糖1大匙，米酒30毫升，五香粉2克，白胡椒粉1小匙，八角3粒

做法

1. 葱洗净切段；姜洗净切片；大蒜拍破后去膜，备用。
2. 热锅，倒入油，放入葱段、姜片、大蒜爆炒至微焦香，再放入所有调料炒香。
3. 然后全部移入到深锅中，加500毫升水煮至沸腾即可。

桂竹笋焢肉

材料

猪五花肉	600克
桂竹笋	600克
生姜片	30克
红辣椒	2个
大蒜	10瓣
桂竹笋卤汁	适量
色拉油	1大匙

做法

1. 猪五花肉洗净、切块，入热油中爆炒至上色后捞起。
2. 桂竹笋切滚刀块，放入沸水中稍汆烫后捞起，备用。
3. 热锅，倒入色拉油，放入生姜片、红辣椒和大蒜炒香，再放入爆炒后的猪五花肉块炒香。
4. 接着倒入桂竹笋卤汁、放入汆烫后的桂竹笋块，以大火煮沸后盖上锅盖，最后转小火续煮约30分钟即可。

桂竹笋卤汁

材料：水1500毫升

调料：盐、白糖各1大匙，米酒2大匙

卤汁做法：1. 将水放入锅中煮沸。
2. 再加入所有调料煮匀即可。

美味应用 用来制作东坡肉的肉块，需要事先以棉绳或草绳绑紧，以免其在长时间的炖卤过程中散掉，若选用草绳，一定要将草绳先汆烫至软后，再用来捆绑肉块。另外，盖上盖锅炖，肉块更易入味。

东坡肉

材料

带皮猪五花肉	500克
葱段	30克
姜片	20克
棉绳（或草绳）	4条
小白菜	200克

调料

酱油	100毫升
绍兴酒	200毫升
水	200毫升
白糖	3大匙

做法

1. 将整块带皮猪五花肉放入冰箱冷藏，待肉稍硬后取出，再切成约6厘米见方的正方块；小白菜洗净入沸水中汆烫至熟后，捞出备用。
2. 用棉绳或草绳将带皮猪五花肉块以十字交叉的方式绑好，这样做可防止肉块煮熟后破碎。
3. 烧一锅沸水，将绑好的肉块放入，汆烫至肉色变白后，捞出洗净，备用。
4. 取砂锅，先铺入葱段及姜片，再将汆烫后的肉块放入（猪皮朝下）。
5. 接着放入所有调料，盖上锅盖以中火煮沸后，转小火续煮约1个小时；再用筷子将肉块一个个翻面（使猪皮朝上）后继续煮30分钟，然后关火续闷约30分钟后，挑去葱段、姜片，最后放入烫熟的小白菜即可。

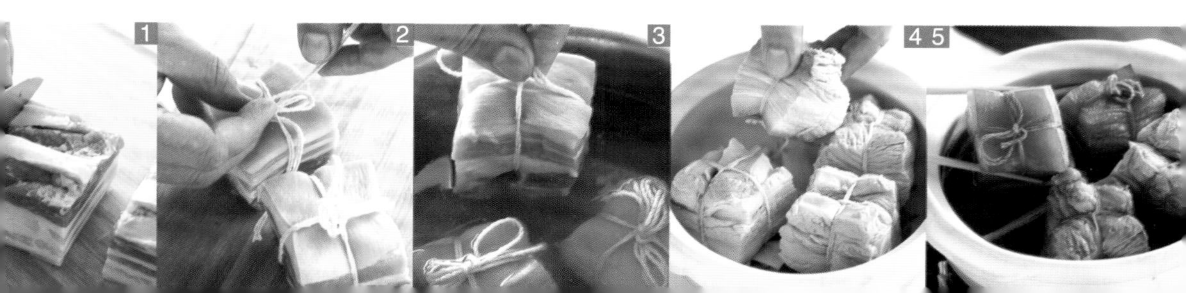

大封肉

材料

猪五花肉	600克
笋干	150克
葱段	50克
大蒜	4瓣
干辣椒	适量
水	1000毫升
色拉油	2大匙

腌料

酱油	2大匙
米酒	1大匙

调料

酱油	120毫升
冰糖	1 大匙
米酒	5 大匙
五香粉	少许

做法

1. 猪五花肉洗净后，加入所有腌料拌匀，腌渍约15分钟，备用。
2. 笋干洗净后，泡水3个小时，备用。
3. 将腌好的猪五花肉取出，放入热油中略炸后，捞出沥油，备用。
4. 将泡软的笋干取出，放入沸水中汆烫5分钟后，捞出沥干，备用。
5. 热锅，倒入色拉油，放入葱段、大蒜及干辣椒爆香，再放入所有调料炒香。
6. 接着放入炸过的猪五花肉和水煮沸，再转小火卤约2个小时后，熄火续闷20分钟。
7. 然后倒入汆烫后的笋干，开大火煮沸后，再转小火卤约30分钟后熄火。
8. 最后将煮熟的笋干捞出盛盘，再放上卤好的封肉，淋上适量卤汁即可。

冰糖酱方肉

材料

猪五花肉块400克，葱段30克，姜片20克，上海青200克，水淀粉1大匙，水1000毫升

调料

酱油100毫升，冰糖3大匙，绍兴酒2大匙，香油1茶匙

做法

1. 肉块入沸水中汆烫2分钟后捞出沥干。
2. 取锅，以葱段和姜片铺底，再放入汆烫后的肉块，然后放入水、酱油、冰糖、绍兴酒，以大火煮沸后，转小火续煮约1个小时至汤汁略微收干后熄火，最后挑去葱段、姜片。
3. 接着将锅中所有材料盛入碗中，将碗放入蒸笼，蒸约1个小时后熄火，备用。
4. 取盘，以烫熟的上海青铺底，再摆入蒸熟的猪五花肉块；将碗中的汤汁再次煮沸，再倒入水淀粉勾芡，放入香油拌匀，最后淋至卤好的肉块上即可。

梅菜扣肉

材料

猪五花肉450克，梅干菜220克，红辣椒末5克，蒜末、姜末各10克，香菜少许，色拉油2大匙

调料

酱油、米酒各1.5大匙，鸡精少许，白糖1小匙

做法

1. 猪五花肉入沸水中汆烫去血水后，捞起切片，再加入酱油和1/2大匙米酒稍腌渍。
2. 梅干菜放入水中浸泡5分钟后捞出切段。
3. 热锅，倒入色拉油，放入蒜末、姜末、红辣椒末爆香后，放入泡软的梅干菜段炒约2分钟，然后放入剩余调料炒匀。
4. 取碗，排入腌好的猪五花肉片，放入上一步炒好的梅干菜段，压平后放入蒸笼中（蒸笼里的水已煮至沸腾），蒸约1.5个小时后熄火，续闷约20分钟。
5. 将卤好的食物取出，倒扣于盘中，最后摆上香菜即可。

卤猪肘子

材料

猪肘子	1个（约750克）
西蓝花	200克
大蒜	6瓣
葱段	30克
干辣椒	5克
八角	3粒
桂皮	10克
草果	2颗
水	1300毫升
水淀粉	适量
色拉油	约2大匙

腌料

大蒜	3瓣
姜片	10克
葱段	15克
酱油	1.5大匙
米酒	1大匙

调料

冰糖	1大匙
酱油	200毫升
米酒	150毫升

做法

1. 先将猪肘子洗净，再加入所有腌料拌匀，腌渍约1个小时，备用。
2. 取出腌好的猪肘子，放入热油中炸至金黄上色后，捞出沥油，备用。
3. 另取锅，倒入色拉油烧热后，放入大蒜、葱段、八角和草果爆香。
4. 再放入所有调料和水煮匀后，即成卤汁，熄火备用。
5. 取电饭锅内锅，先放入炸过的猪肘子，再倒入煮匀的卤汁，同时放入干辣椒和桂皮。
6. 然后将内锅放入电饭锅中，于外锅加入2杯水（分量外），盖上锅盖，按下蒸煮开关，煮至开关跳起后，续焖约10分钟，然后于外锅再加2杯水（分量外）续煮。
7. 煮至开关再次跳起后，续焖约30分钟，即可取出盛盘；将西蓝花入沸水中氽烫至熟后，用筷子一个个捞起，并摆入盛有猪肘子的盘中做装饰。
8. 将锅中的卤汁以水淀粉勾薄芡后，淋在卤熟的猪肘子上即可。

美味应用

想要将猪肘子卤得既上色又入味，可在烹调前，先将猪肘子稍微用酱油腌渍过，再放入热油中炸至表皮呈金黄色，然后放入锅中卤，这样卤出来的猪肘子不但色相较佳，口感更是软烂有嚼劲儿。

酸菜桂竹笋卤肉

材料

猪五花肉400克，酸菜60克，桂竹笋300克，大蒜5瓣，葱段15克，水900毫升，色拉油2大匙

调料

酱油50毫升，米酒1大匙，白糖1/2大匙，白胡椒粉少许

做法

1. 猪五花肉洗净、切块；酸菜泡水5分钟后洗净、切小段，备用。
2. 桂竹笋洗净、切段，放入沸水中汆烫约3分钟后，捞起沥干，备用。
3. 热锅，倒入色拉油，放入大蒜及葱段爆香，再放入猪五花肉块炒至肉色变白。
4. 接着放入所有调料炒香，再加入水煮沸后，转小火续卤约20分钟，最后放入泡软的酸菜段、汆烫后的桂竹笋段，续卤约30分钟，即可盛盘。

白菜卤五花肉

材料

猪五花肉400克，大白菜450克，水500毫升，葱段、大蒜各15克，胡萝卜片30克，色拉油2大匙

调料

酱油50毫升，盐、胡椒粉各少许，蚝油15毫升，冰糖1/2小匙，米酒1大匙

做法

1. 猪五花肉洗净，放入沸水中汆烫至肉色变白后，捞起以冷水冲净，再切大块；大白菜切去梗后洗净，再切大片，备用。
2. 热锅倒入油，放入葱段、大蒜爆香。
3. 再放入汆烫后的肉块炒至肉色油亮后，放入所有调料炒香，接着加水煮20分钟，盛出备用。另取汤锅，将洗净的大白菜片放入，再放入胡萝卜片。
4. 然后将煮好的猪五花肉块及剩余材料倒入汤锅中，继续煮至大白菜片变软即可。

豆豉卤肉

材料

猪五花肉400克，红葱头、蒜苗各20克，姜、辣椒片各10克，色拉油少许，湿豆豉4大匙，水300毫升

调料

白糖2茶匙，米酒2大匙

做法

1. 猪五花肉洗净切小块；蒜苗洗净切段；红葱头、姜洗净均切末，备用。
2. 热锅，倒入少许油，以小火爆香红葱头末、姜末、蒜苗段及辣椒片，再放入猪五花肉块，以中火炒至肉色变白。
3. 然后加入湿豆豉炒香，接着放入米酒、白糖及水，盖上锅盖，以中火续煮约30分钟至猪五花肉块熟软即可。

美味应用

用来卤肉的豆豉，一般是从超市或菜市场上选购玻璃罐装的，这种是事先经过调味的，与中药店的淡豆豉风味不一样，烹饪时可不要选错。

杏鲍菇卤肉

材料

猪五花肉、杏鲍菇各300克，姜、葱各20克，辣椒片10克，色拉油少许，水300毫升

调料

酱油5大匙，白糖2茶匙，米酒2大匙

做法

1. 猪五花肉洗净切小块；杏鲍菇洗净切块；葱洗净切段；姜洗净切片，备用。
2. 热锅，倒入油，以小火爆香姜片、葱段、辣椒片，再放入猪五花肉块，以中火炒至肉块表面变白后，放入杏鲍菇块略煸炒。
3. 接着放入水及所有调料炒匀，最后盖上锅盖，以中火续卤约30分钟至猪五花肉块熟软即可。

美味应用

菇类在加热后多多少少会缩水，因此杏鲍菇不要切得太小块，以便您能吃到杏鲍菇的清脆口感。

牛蒡卤五花肉

材料

猪五花肉300克，牛蒡200克，胡萝卜100克，姜20克，辣椒片10克，色拉油少许，水300毫升

调料

酱油5大匙，白糖2茶匙，米酒2大匙

做法

1. 猪五花肉洗净切小块；牛蒡去皮后切段；胡萝卜去皮后切块；姜洗净切片，备用。
2. 热锅，倒入油，以小火爆香姜片、辣椒片后，再放入猪五花肉块，转中火炒至肉块表面变白。
3. 接着放入牛蒡段、胡萝卜块、水及所有调料，盖上锅盖，以中火续煮约30分钟至猪五花肉块熟软即可。

美味应用

牛蒡是一种健康的蔬菜，铁质含量较高，所以在削完皮后，很容易被空气中的氧气氧化变黑。因此，可将削去皮之后的牛蒡先泡入醋水中，待烹饪时再取出，这样烹饪出来的口感较佳。

豆酱卤肉

材料

猪五花肉400克，大蒜、葱各20克，姜、辣椒片各10克，色拉油少许，水300毫升

调料

黄豆酱4大匙，白糖2茶匙，米酒2大匙

做法

1. 猪五花肉洗净切小块；大蒜、姜均洗净切末；葱洗净切花，备用。
2. 热锅，倒入油，以小火爆香蒜末、姜末、辣椒片后，放入猪五花肉块以中火炒至肉色变白。
3. 再加入黄豆酱炒香，接着放入米酒、白糖及水拌匀，盖上锅盖，以中火续煮约30分钟至猪五花肉块熟软后，撒上葱花即可。

美味应用

像黄豆酱、豆瓣酱、辣椒酱这类调料，经过热炒后香味会更加浓郁，因此在调味之前，先将黄豆酱炒香，再放入其余调料炒匀，这样卤出来的肉会更加美味。

西红柿卤肉

材料

猪梅花肉、西红柿各300克，洋葱50克，
大蒜30克，姜20克，色拉油少许，水200毫升

调料

番茄酱4大匙，盐1/4茶匙，白糖2茶匙，
米酒50毫升

做法

1. 猪梅花肉洗净切小块；西红柿洗净后切块；洋葱、大蒜及姜均洗净切末，备用。
2. 热锅，倒入油，以小火爆香洋葱末、蒜末及姜末后，再放入猪梅花肉块，转中火炒至肉色变白。
3. 接着放入西红柿块及番茄酱炒香，最后放入盐、米酒、白糖及水拌匀，盖上锅盖，转小火煮约20分钟至猪梅花肉块熟软即可。

美味应用

用西红柿卤肉，可以再添加适量番茄酱增加风味，不仅香味浓郁，而且整道菜的颜色看起来也很漂亮。

咸冬瓜卤肉

材料

猪五花肉300克，咸冬瓜（带汁）150克，
大蒜6瓣，姜、辣椒各10克，色拉油少许，
水300毫升

调料

酱油1大匙，白糖2茶匙，米酒2大匙

做法

1. 猪五花肉洗净切小块；姜、辣椒均洗净切片，备用。
2. 热锅，倒入油，以小火爆香大蒜、姜片、辣椒片。
3. 再放入猪五花肉块，转中火炒至肉块表面变白后，放入咸冬瓜（带汁放入）、酱油、米酒、白糖及水。
4. 盖上锅盖，以中火续卤约30分钟至猪五花肉块熟软即可。

美味应用

制作此道菜时，因加入带汁的咸冬瓜，菜品的咸味已足够，所以只需加少量酱油调色即可。

美味应用

虽然选用泡发鱿鱼烹饪较方便，但是烧出来的口感，却没有鱿鱼干有嚼劲，且鱿鱼味也比较淡。所以在做这道菜时，建议使用鱿鱼干，泡软后再烹饪，风味较佳。

鱿鱼干卤肉

材料

猪五花肉400克，鱿鱼干50克，色拉油少许，葱、姜各20克，蒜苗40克，水200毫升

调料

酱油4大匙，白糖2茶匙，绍兴酒100毫升

做法

1. 猪五花肉洗净切小块；蒜苗及葱均洗净切小段；姜洗净切片；鱿鱼干泡水30分钟后洗净，再捞起沥干、剪小块，备用。
2. 热锅，倒入油，以小火爆香葱段、蒜苗段、姜片后，放入猪五花肉块及鱿鱼块，转中火炒至猪五花肉块表面变白。
3. 然后放入水及所有调料拌匀，盖上锅盖，以中火续煮约30分钟至猪五花肉块熟软，即可盛盘。

菜花干卤肉

材料

猪五花肉400克，菜花干50克，葱、姜各20克，大蒜10瓣，辣椒2个，色拉油少许，水300毫升

调料

酱油4大匙，白糖1大匙，米酒100毫升

做法

1. 猪五花肉洗净切小块；葱洗净切小段；姜洗净切丝；辣椒洗净切片；菜花干泡水20分钟后，洗净沥干。
2. 热锅，倒入油，以小火爆香葱段、姜丝、大蒜及辣椒片后，放入猪五花肉块，转中火炒至肉块表面变白。
3. 再加入泡软的菜花干、水及所有调料，盖上锅盖，以中火续煮约30分钟至肉块熟软，即可盛盘。

美味应用

腌渍过的蔬菜，像是梅干菜、萝卜干、菜花干等，都非常适合用来卤肉，因为蔬菜经腌渍后，会有股特殊的香味，再搭配肉共同卤制后，风味更佳。

美味应用

用虾酱做菜，需事先将虾酱入热油中爆香，以消除虾酱的腥味，并让虾酱的鲜香味完全散发出来后，再加入其余调料调味。

虾酱卤肉

材料

猪五花肉400克，大蒜40克，水200毫升，姜、辣椒片各10克，色拉油少许

调料

虾酱1大匙，蚝油、绍兴酒各2大匙，白糖2茶匙

做法

1. 猪五花肉洗净切小块；大蒜及姜均洗净切末，备用。
2. 热锅，倒入油，以小火爆香蒜末、姜末、辣椒片后，放入猪五花肉块，转中火炒至肉块表面变白。
3. 再加入虾酱及蚝油炒匀，接着加入绍兴酒、白糖及水拌匀，盖上锅盖，转小火煮约30分钟至猪五花肉块熟软即可。

虾干卤肉

材料

猪五花肉400克，虾干50克，蒜苗40克，辣椒20克，八角2粒，色拉油少许，水200毫升

调料

酱油4大匙，白糖2茶匙，绍兴酒100毫升

做法

1. 猪五花肉洗净切小块；蒜苗洗净切小段；辣椒洗净切片；虾干泡水10分钟后，洗净沥干，备用。
2. 热锅，倒入油，以小火爆香蒜苗段、辣椒片后，放入猪五花肉块及泡软的虾干，转中火炒至肉块表面变白。
3. 再加入八角、水及所有调料拌匀，盖上锅盖，以中火续煮约30分钟至肉块熟软即可。

美味应用

虾干或虾米在使用前需先泡水至软，再入锅爆香，这样香味才会更好地释放出来。若未经泡水而直接入锅炒，炒出来的虾干或虾米不仅口感较硬，味道也较淡。

榨菜卤肉

材料

猪五花肉300克，榨菜120克，葱20克，
姜、辣椒片各10克，色拉油少许，水300毫升

调料

酱油1大匙，白糖2茶匙，米酒2大匙

做法

1. 猪五花肉洗净切小块；葱洗净切小段；姜洗净切片；榨菜洗净切片后，入沸水中汆烫20秒，再捞出沥干，备用。
2. 热锅，倒入油，以小火爆香葱段、姜片、辣椒片后，放入猪五花肉，转中火炒至肉块表面变白。
3. 再放入榨菜片炒香，接着加入水及所有调料拌匀，最后转小火煮约20分钟至肉块熟软即可。

美味应用

榨菜在烹饪前最好先用沸水汆烫过，以去除多余的盐分与杂质，再入锅炒。这样整道菜吃起来才不会太咸，而且还能品尝到榨菜的鲜香味。

梅香卤肉

材料

猪梅花肉400克，紫苏梅10颗，葱段20克，
姜、辣椒片各10克，色拉油少许，水300毫升

调料

紫苏梅汁、酱油各3大匙，白糖2茶匙，
米酒2大匙

做法

1. 猪梅花肉洗净切小块；姜洗净切片，备用。
2. 热锅，倒入油，以小火爆香姜片、葱段、辣椒片后，放入猪梅花肉块，转中火炒至肉块表面变白。
3. 再加入紫苏梅、水及所有调料拌匀，盖上锅盖，以中火续卤约30分钟至肉块熟软，即可盛盘。

美味应用

别加了紫苏梅后却忘了加汤汁，紫苏梅的汤汁可是这道卤肉美味的关键。在加入紫苏梅汁调味后，整道菜的风味就更加有层次感了。

红枣卤肉

材料

猪梅花肉300克，红枣15颗，葱、姜各20克，花椒粒1/2茶匙，色拉油少许，水200毫升

调料

酱油5大匙，白糖2茶匙，绍兴酒100毫升

做法

1. 猪梅花肉切小块；葱洗净切小段；姜洗净切片；红枣略洗后沥干，备用。
2. 热锅，倒入油，以小火爆香葱段、姜片后，放入猪梅花肉块，转中火炒至肉块表面变白。
3. 再加入红枣、花椒粒、酱油、绍兴酒、白糖及水拌匀，盖上锅盖，以中火续卤约30分钟至肉块熟软即可。

美味应用

制作这道菜时，红枣的挑选很重要。以外观均匀饱满、皱纹少的红枣为佳；外观干扁且皱纹明显的红枣，不宜选用。

味噌卤肉

材料

猪腱子肉400克，白萝卜300克，胡萝卜200克，姜片15克，水1200毫升，葱花适量，色拉油2大匙

调料

味噌135克，味啉50毫升

做法

1. 猪腱子肉洗净，放入沸水中稍汆烫后捞出，待凉后切块，备用。
2. 胡萝卜及白萝卜均洗净、去皮、切块，备用。
3. 热锅，倒入色拉油，放入姜片爆香，再放入水煮沸。
4. 接着放入汆烫后的猪腱子肉块、胡萝卜块、白萝卜块，待再次煮沸后，转小火续煮约30分钟。
5. 最后加入所有调料煮约10分钟，再撒上葱花即可。

八角卤肉

材料

猪五花肉　600克
八角卤汁　600毫升

做法

❶ 猪五花肉洗净、切大片，再放入沸水中汆烫至肉色变白后，取出冲水，并用手略搓洗干净，备用。

❷ 将洗净的猪五花肉片放入八角卤汁中，共煮至沸腾后，转小火续煮至肉片软烂入味即可。

美味应用

吃不完的卤汁在放入冰箱冷藏前，最好先用大火再次煮沸，以杀去细菌后，待凉、密封。另外，最好按照每餐所需的分量分装冷藏，加热时直接取出所需分量即可，这样可保证卤汁的质量。

八角卤汁

材料： 葱20克，姜片3片，大蒜5瓣，红辣椒1个，水500毫升，色拉油2大匙，八角5粒，万用卤包1包

调料： 酱油100毫升，冰糖2大匙，米酒30毫升

卤汁做法：
1. 葱洗净切段；大蒜拍破后去膜；红辣椒洗净后去蒂头，备用。
2. 热锅，倒入油，放入葱段、姜片、大蒜和红辣椒爆炒至微焦香后，放入八角、万用卤包及所有调料炒香。
3. 再全部移入深锅中，最后加入水煮至沸腾即可。

好彩头封肉

材料

白萝卜、熟猪五花肉各600克，
胡萝卜、洋葱各200克，色拉油少许

调料

酱油、米酒各1 杯，白糖1大匙

做法

1. 白萝卜、胡萝卜均去皮、切块；洋葱去皮、切块；熟猪五花肉切粗长条，备用。
2. 电饭锅内锅洗净后，按下蒸煮开关加热，再倒入色拉油，放入洋葱块炒香，接着依序加入胡萝卜块、白萝卜块、熟猪五花肉条、酱油及米酒，盖上锅盖。
3. 加热约20分钟后，开盖放入白糖，再盖上锅盖续煮5分钟。
4. 最后取出装盘即可。

萝卜卤梅花肉

材料

猪梅花肉500克，白萝卜300克，胡萝卜150克，
葱10克，姜片5片，大蒜5瓣，水1400毫升，
色拉油2大匙

调料

生抽50毫升，老抽150毫升，冰糖1大匙

做法

1. 梅花肉洗净、切块；白萝卜、胡萝卜均去皮、切圆块；葱洗净切段，备用。
2. 白萝卜块放入沸水煮约20分钟后捞出。
3. 热锅，倒入色拉油，爆香大蒜、姜片、葱段后，放入梅花肉块炒至肉色变白，再加入所有调料炒香。
4. 然后全部移入卤锅中，加入水（水量需盖过肉）以大火煮至沸腾后，盖上锅盖，转小火煮约25分钟，最后放入胡萝卜块、白萝卜块，以小火续煮约25分钟即可。

萝卜干卤肉

材料

猪五花肉	400克
萝卜干	50克
葱	20克
大蒜	6瓣
红辣椒	1个
卤肉汁	适量
色拉油	1大匙

做法

1. 猪五花肉洗净、切块；萝卜干洗净、切丁；葱、红辣椒均洗净切段，备用。
2. 热锅，倒入色拉油，放入葱段、大蒜、红辣椒段爆香，再放入猪五花肉块、萝卜干丁炒香。
3. 接着倒入卤肉汁拌匀。
4. 最后全部移入炖锅中，以大火煮沸后，转小火，盖上盖子炖煮80分钟即可（可另摆入葱丝做装饰）。

卤肉汁

材料：高汤1200毫升

卤包：花椒粒、甘草、丁香各3克，八角2粒，小茴香2克

调料：酱油3大匙，白糖2大匙

卤汁做法：1. 将高汤放入锅中煮沸。
2. 再加入所有卤包和调料煮至均匀即可。

萝卜豆干卤肉

材料

豆干、胡萝卜各100克，猪五花肉块300克，白萝卜200克，水煮蛋2个，水1000毫升，葱段5克，红辣椒片、姜片各2克，万用卤包1包

调料

酱油3大匙，白糖1大匙

做法

1. 豆干略冲水洗净、沥干；白萝卜和胡萝卜均洗净、去皮、切块，备用。
2. 取电饭锅内锅，放入所有材料和调料，再将内锅放入电饭锅内，外锅加入3杯水（分量外）。
3. 按下电饭锅蒸煮开关，煮至开关跳起即可。

红白萝卜卤肉

材料

猪五花肉600克，胡萝卜150克，白萝卜250克，大蒜4瓣，葱段30克，姜50克，红辣椒1个，八角4粒，水500毫升，色拉油适量

调料

绍兴酒、酱油各100毫升，冰糖3.5大匙，五香粉1小匙

做法

1. 猪五花肉洗净、切块；胡萝卜、白萝卜均洗净、去皮、切块，备用；姜洗净切片。
2. 热锅，倒入油，放入大蒜、葱段，炸至大蒜呈金黄色后熄火。
3. 将锅中的油倒出，只留下少许油以及炸至金黄的大蒜、葱段，再放入猪五花肉块，开大火炒香。
4. 接着放入胡萝卜块、白萝卜块、姜片、红辣椒、八角、水及所有调料，以大火煮沸后，转小火并盖上盖子卤约50分钟即可。

客家豆干卤肉

材料

猪五花肉300克，萝卜干50克，豆干100克，葱段20克，大蒜7瓣，红辣椒1个，色拉油适量，西蓝花适量，水1200毫升

调料

酱油3大匙，白糖2大匙

卤包

花椒粒、甘草、丁香各3克，八角2粒，小茴香2克

做法

1. 猪五花肉洗净后切成块状；萝卜干洗净后切成条状；红辣椒洗净后切成段状；西蓝花洗净，入沸水中汆烫至熟后捞起，备用。
2. 热锅，倒入油，放入葱段、大蒜、红辣椒段爆香，再放入猪五花肉块、萝卜干条炒香。
3. 接着放入豆干、水、所有调料及卤包，再全部移入炖锅中，以大火煮沸后，转小火并盖上盖子卤约80分钟。
4. 最后取出盛盘，放入烫熟的西蓝花即可。

山药卤梅花肉

材料

猪梅花肉400克，山药300克，红枣10颗，姜片10克，水900毫升，色拉油2大匙

调料

酱油60毫升，冰糖1小匙，米酒3大匙

做法

1. 猪梅花肉洗净、切块；山药去皮后洗净、切块，备用。
2. 热锅，倒入色拉油，放入姜片爆香，再放入猪梅花肉块炒至肉色变白后，放入所有调料炒香。
3. 接着加入水煮沸后改小火煮约20分钟。
4. 再放入山药块、红枣，以小火续卤约20分钟后熄火，最后闷约10分钟即可。

豆干猪皮卤肉

材料

猪五花肉	300克
猪皮	150克
猪梅花瘦肉	150克
水煮蛋	5个
豆干	200克
大蒜	3瓣
葱段	20克
红辣椒段	10克
八角	2粒
水	1200毫升
色拉油	3大匙

调料

酱油	200毫升
冰糖	1大匙
胡椒粉	少许
五香粉	少许

做法

1. 猪五花肉、梅花瘦肉均洗净切块，备用。
2. 猪皮洗净，放入沸水中汆烫约5分钟后，取出切块。
3. 豆干洗净、对切，放入沸水中稍汆烫后，捞出沥干。
4. 热锅，倒入色拉油，放入猪五花肉块及汆烫后的猪皮块，炒至猪皮表面微焦后，放入猪梅花肉块、大蒜、葱段、红辣椒段及八角炒香。
5. 再加入所有调料翻炒均匀，接着加入水煮沸后，放入水煮蛋，转小火卤约40分钟。
6. 最后放入豆干块续卤15分钟后熄火，再闷约10分钟即可盛盘。

笋香卤肉

材料

猪五花肉600克，竹笋200克，蒜苗20克，红辣椒1个，水1500毫升，色拉油2大匙

调料

酱油100毫升，冰糖1大匙，米酒2大匙，白胡椒粉1小匙

做法

1. 猪五花肉洗净后切长块，再略冲水洗净。
2. 竹笋洗净切滚刀块；蒜苗洗净后切段，分成蒜白和蒜叶，备用。
3. 热锅，倒入油，放入猪五花肉块，煎至肉块两面均上色后，捞出沥油，备用。
4. 原锅留少许油，放入蒜白爆香，再放入洗净的猪五花肉块、竹笋块和所有调料炒匀。
5. 接着全部移入深锅中，加入水和红辣椒煮至沸腾后，转小火续煮至猪五花肉块软烂入味，最后放入蒜叶拌匀即可。

竹笋卤五花肉

材料

猪五花肉400克，竹笋300克，大蒜5瓣，葱20克，姜片3片，红辣椒1个，水1300毫升，色拉油适量

调料

酱油150毫升，冰糖1大匙，米酒2大匙，鸡精1/2小匙

做法

1. 猪五花肉洗净、切块；葱、红辣椒均洗净、切段，备用；大蒜剥皮洗净备用。
2. 竹笋剥去外壳后切块，再放入沸水中煮约15分钟，捞出备用。
3. 热锅，倒入色拉油，爆香大蒜、姜片、葱段、红辣椒段后，放入猪五花肉块翻炒至肉色变白，再加入所有调料炒香。
4. 然后全部移入卤锅中，加入水（水量需盖过肉）以大火煮至沸腾后，盖上锅盖，转小火炖煮约20分钟，最后放入煮过的竹笋块卤约30分钟即可。

香菇卤猪前腿肉

材料

猪前腿肉300克，干香菇50克，葱段40克，姜片30克，色拉油2大匙，水600毫升

调料

蚝油3大匙，米酒50毫升，白糖1大匙

做法

1. 猪前腿肉洗净切小块；干香菇泡水约20分钟后，捞起沥干，再剪去香菇梗，备用。
2. 热锅，倒入色拉油，以小火爆香葱段、姜片，再放入猪前腿肉块，以中火炒至肉块表面变白后，放入泡发的香菇、蚝油、米酒、白糖和水。
3. 转大火煮沸后，转小火续煮约30分钟至汤汁略收干即可。

香菇卤五花肉

材料

猪五花肉600克，干香菇10朵，葱20克，姜片3片，大蒜5瓣，红辣椒1个，水500毫升，色拉油2大匙

调料

酱油100毫升，冰糖2大匙，米酒2大匙，五香粉1小匙

做法

1. 猪五花肉洗净后切长块，再略冲水洗净。
2. 干香菇放入水中泡发后，捞出去蒂头；葱洗净切段；大蒜拍破后去膜。
3. 热锅，倒入油，放入洗净的猪五花肉块，煎至肉块两面上色后取出。
4. 原锅留少许油，放入葱段、姜片和大蒜爆香，再放入煎过的肉块和所有调料炒匀。
5. 接着全部移入深锅中，加入水、香菇、红辣椒煮至沸腾后，转小火续煮至肉块软烂入味即可。

白菜卤肉

材料

猪五花肉	600克
大白菜	200克
白菜卤肉卤汁	600毫升
色拉油	2大匙

做法

1. 大白菜洗净后沥干，再剥成小片状，备用。
2. 猪五花肉洗净后切大片，再切长块，略冲水洗净。
3. 热锅，倒入油，放入猪五花肉块煎至两面上色后取出，备用。
4. 将煎好的猪五花肉块和洗净的大白菜片放入白菜卤肉卤汁中，一同煮至沸腾后，改小火续煮至肉块软烂入味即可。

白菜卤肉卤汁

材料： 蒜苗20克，红辣椒1个，水500毫升，色拉油2大匙

调料： 酱油100毫升，冰糖1大匙，米酒2大匙，白胡椒粉1小匙

做法：
1. 蒜苗洗净切斜段；红辣椒洗净、去蒂头，备用。
2. 热锅，倒入油，放入蒜苗段和红辣椒爆香，再放入所有调料炒香。
3. 接着全部移入深锅中，加入水煮至沸腾即可。

酱卤肉块

材料

猪五花肉450克，洋葱100克，大蒜10瓣，水1200毫升，八角2粒，桂皮、甘草各5克，色拉油适量

调料

甜面酱3大匙，冰糖2大匙，黄酒3大匙，酱油2大匙

做法

1. 猪五花肉、洋葱均洗净切块，备用。
2. 热锅，倒入油，放入洋葱块、大蒜炒香，再放入猪五花肉块炒香。
3. 接着放入甜面酱和剩余调料炒香后倒入水。
4. 然后全部移入炖锅中，放入八角、桂皮、甘草以大火煮沸。
5. 最后转小火，盖上锅盖，续煮约50分钟至汤汁呈浓稠状即可。

双冬卤肉

材料

猪胛心肉400克，花菇8朵，竹笋200克，葱15克，水800毫升，色拉油2大匙

调料

酱油50毫升，蚝油1大匙，冰糖1大匙，米酒2大匙

做法

1. 猪胛心肉洗净、切块，备用。
2. 竹笋洗净、切块；葱洗净切段；花菇洗净，放入水中泡软后，捞出沥干，再去除梗部，备用。
3. 热锅，倒入色拉油，放入葱段爆香，再放入猪胛心肉块炒至肉色变白后，放入竹笋块和泡软的花菇炒香，接着放入所有调料炒匀。
4. 最后加入水煮沸后，转小火卤约40分钟至材料入味即可。

芋头卤肉

材料

猪五花肉	450克
芋头	300克
红辣椒	1个
大蒜	4瓣
芋头卤汁	适量
色拉油	适量

做法

1. 猪五花肉洗净、切块；芋头去皮、洗净切块；将猪五花肉块、芋头块分别放入热油中炸香后，捞起沥油。
2. 原锅留少许油，放入大蒜、红辣椒炒香后，再放入芋头卤汁及油炸过的猪五花肉块、芋头块。
3. 以大火煮沸后转小火，盖上盖子续卤45分钟即可。

芋头卤汁

材料： 高汤1500毫升

卤包： 八角2粒，沙姜10克，花椒粒、甘草各5克，小茴香2克

调料： 盐2大匙，白糖1大匙，米酒2大匙

做法： 1. 将高汤放入锅中煮沸。
2. 再加入所有调料和卤包材料煮匀即可。

葱卤肉块

材料

猪五花肉500克，葱40克，红辣椒1个，
大蒜8瓣，色拉油1大匙，水300毫升

调料

酱油50毫升，蚝油、米酒各30毫升，白糖2大匙

做法

1. 猪五花肉洗净切块；葱洗净切段，备用；红辣椒、大蒜洗净备用。
2. 热锅，倒入色拉油，放入葱段、红辣椒和大蒜爆香。
3. 再放入猪五花肉块炒至肉色变白。
4. 接着加入水及所有调料，以大火煮至沸腾后转小火，盖上锅盖续煮约40分钟即可。

梅干菜卤肉

材料

梅干菜100克，猪五花肉400克，大蒜40克，
姜、红辣椒各30克，色拉油2大匙，水800毫升

调料

酱油200毫升，鸡精1茶匙，白糖3大匙

做法

1. 梅干菜泡冷水约30分钟后洗净，再捞出沥干、切小段，备用。
2. 姜、大蒜均洗净、沥干、切末；红辣椒洗净、切段；猪五花肉洗净、沥干、切小块，备用。
3. 热锅，倒入色拉油，以小火爆香姜末、大蒜末、红辣椒段，再放入猪五花肉块翻炒至肉色变白后，加入水、梅干菜段及所有调料，一同煮至沸腾后转小火续煮约30分钟，最后熄火再闷20分钟即可。

油豆腐卤肉

材料

猪五花肉	600克
油豆腐	8块
大蒜	7瓣
葱段	20克
红辣椒	1个
油豆腐卤肉汁	适量
色拉油	1大匙

做法

1. 猪五花肉洗净、切块；油豆腐放入沸水中稍汆烫后，捞起备用；大蒜、红辣椒洗净备用。
2. 热锅，倒入色拉油，放入大蒜、葱段、红辣椒炒香。
3. 再放入猪五花肉块炒香，接着放入油豆腐和油豆腐卤肉汁。
4. 以大火煮沸后转小火，盖上盖子续卤约30分钟即可。

油豆腐卤肉汁

材料： 高汤1000毫升，八角3粒

调料： 盐1/2小匙，酱油3大匙，冰糖2大匙，糖色1大匙，米酒2大匙

做法： 1. 将高汤放入锅中煮沸。
2. 再加入八角及所有调料煮匀即可。

面轮卤肉

材料

猪五花肉300克，干面轮100克，大蒜8瓣，葱段10克，红辣椒1个，姜片15克，水900毫升，色拉油适量

调料

酱油5大匙，白糖2大匙，米酒1大匙

卤包

八角2粒，桂枝、香叶各5克，甘草3片，草果3颗

做法

1. 干面轮用水泡软；猪五花肉洗净切成大片状，备用。
2. 热锅，倒入油，放入猪五花肉片、大蒜、红辣椒、葱段、姜片炒香，再放入所有调料和水拌匀，然后全部移入炖锅中。
3. 于炖锅中加入卤包和泡软的面轮，以大火煮沸后转小火，盖上盖子续卤50分钟即可。

红曲卤肉

材料

猪腿肉600克，大蒜30克，色拉油适量，水1500毫升

调料

红曲5大匙，白糖2大匙，绍兴酒2大匙

卤包

广皮、沙姜各5克，当归2片，八角2粒，甘草、小茴香各3克

做法

1. 猪腿肉洗净、切块，备用。
2. 热锅，倒入油，放入洗净的猪腿肉块和大蒜炒香。
3. 再放入水及所有调料和卤包煮沸后转小火，盖上盖子，续炖煮80分钟即可（可另加入葱丝做装饰）。

南乳方块肉

材料

猪五花肉	400克
芥蓝	150克
月桂叶	3片
姜片	15克
葱段	10克
南乳	3块
水	800毫升
水淀粉	适量

调料

南乳汁	3大匙
米酒	4大匙
酱油	1小匙
冰糖	1大匙

做法

❶ 猪五花肉洗净后放入沸水中，再加入姜片、葱段一同煮约5分钟后熄火，待凉后取出切大块，并修整肉块边缘。

❷ 芥蓝洗净，放入沸水中汆烫至熟后，捞出泡入冰水中待凉，再捞起沥干，备用。

❸ 南乳压碎，与南乳汁、米酒、酱油、冰糖一同拌匀，备用。

❹ 取砂锅，放入修整过的猪五花肉块，再放入月桂叶和上一步拌匀的材料，接着加入水（水量需盖过肉）煮沸后，盖上锅盖，转小火续卤约2个小时（卤的过程中要翻面）。

❺ 取盘，先铺上烫熟的芥蓝，再放入卤好的猪五花肉块，最后将卤汁以水淀粉勾薄芡后，淋于盘中的肉块上即可。

栗子卤肉

材料

猪腿肉600克，板栗100克，大蒜15瓣，葱20克，色拉油适量，水1300毫升

调料

酱油、米酒各2大匙，盐1小匙，冰糖1大匙

卤包

八角2粒，桂枝、甘草、丁香各5克，小茴香3克

做法

1. 猪腿肉洗净、切块；板栗去壳泡软后去膜；大蒜洗净切去头尾；葱洗净切段，备用。
2. 热锅，倒入油，放入洗净的猪腿肉块炒香后盛起，再分别放入板栗、大蒜炸香后，捞起备用。
3. 原锅留少许油，放入葱段炒香，再放入炒香的猪腿肉块及炸香的板栗、大蒜，接着放入卤包，最后加入水及所有调料以小火炖煮70分钟即可。

茶香卤肉

材料

猪五花肉600克，葱20克，姜25克，茶叶包1包，水500毫升，八角2粒

调料

酱油100毫升，冰糖2大匙，米酒30毫升

做法

1. 猪五花肉洗净、切大片，再放入沸水中汆烫至肉色变白后，取出冲冷水，且用手略搓洗干净。
2. 葱洗净、沥干、切段；姜洗净、沥干、切片，备用。
3. 取深锅，放入葱段、姜片、八角、水和所有调料煮至沸腾后，再放入洗净的猪五花肉片，再次煮至沸腾后，转小火续煮至肉片软烂入味。
4. 最后放入茶叶包煮2分钟后，盛盘即可（可另加入烫熟的西蓝花做装饰）。

蒜香卤肉

材料

猪五花肉　300克
大蒜　15瓣
蒜苗　40克
蒜香卤汁　适量
色拉油　适量

做法

1. 蒜苗洗净、切段，备用。
2. 猪五花肉洗净、切块，再以热油爆炒至上色后，捞起沥油，备用。
3. 原锅留少许油，放入大蒜炸香后捞起，备用。
4. 将蒜香卤汁倒入炖锅中，再加入爆炒后的猪五花肉块和炸香的大蒜，一同以大火煮沸后转小火，盖上盖子，炖煮30分钟。
5. 最后放入蒜苗段续煮5分钟即可。

蒜香卤汁

材料： 高汤800毫升

调料： 盐2大匙，白糖1大匙，米酒3大匙

做法： 1. 将高汤放入锅中煮沸。
2. 再加入所有调料煮匀即可。

打卤肉

材料

猪胛心肉800克，大蒜25克，月桂叶适量，圆白菜叶200克，苹果酒300毫升，水1000毫升，色拉油少许

调料

酱油、米酒各50毫升，盐1/2小匙，胡椒粉少许

做法

1. 猪胛心肉、圆白菜叶均洗净后切块。
2. 取锅，倒入油烧热后，放入大蒜爆香，再放入猪胛心肉块炒至肉色变白。
3. 接着放入月桂叶及所有调料炒香，然后倒入苹果酒和水，转小火卤40分钟。
4. 最后放入洗净的圆白菜叶煮至入味即可。

啤酒卤肉

材料

猪胛心肉600克，葱10克，姜片3片，大蒜3瓣，啤酒1/2罐（约200毫升），水1000毫升，色拉油2大匙

调料

酱油180毫升，冰糖1大匙

卤包

陈皮5克，桂皮10克，月桂叶5片

做法

1. 猪胛心肉洗净、切块；葱洗净、切段。
2. 热锅，倒入色拉油爆香大蒜、姜片及葱段，再放入洗净的肉块炒至肉色变白。
3. 接着倒入啤酒，续炒至啤酒被肉块快要吸干时，再加入所有调料翻炒均匀。
4. 然后全部移入砂锅中，放入卤包及水，以大火煮沸后，盖上锅盖，转小火续煮约50分钟，最后熄火闷约10分钟即可。

醍醐菜花卤肉

材料

猪五花肉300克，菜花200克，大蒜3瓣，葱20克，水800毫升，色拉油1大匙

调料

酱油2大匙，米酒1大匙，白糖1大匙，盐、白胡椒粉各少许

做法

1. 先将猪五花肉切成厚片状，再放入沸水中稍汆烫后捞起，备用。
2. 菜花掰成小朵状，洗净备用；大蒜洗净拍扁；葱洗净切段。
3. 取炒锅，先倒入色拉油以大火烧热，再放入大蒜、葱段以中火爆香，接着放入菜花略翻炒。
4. 最后放入汆烫后的猪五花肉片、水及所有调料，以中小火续卤约20分钟至肉片软烂即可。

甘蔗卤肉

材料

猪五花肉400克，甘蔗120克，八角6克，姜、大蒜各20克，肉桂10克，水800毫升，色拉油3大匙

调料

酱油300毫升，白糖1大匙，米酒100毫升

做法

1. 猪五花肉洗净、切小块；大蒜和姜均洗净、切末；甘蔗洗净后剖细，备用。
2. 热锅，倒入色拉油，以小火爆香蒜末和姜末，再放入猪五花肉块翻炒至肉色变白。
3. 接着放入剖细后的甘蔗、八角、肉桂、水及所有调料，煮至沸腾后转小火，续炖煮约1个小时即可（盛盘时可另加入葱丝做装饰）。

豆豉苦瓜卤肉

材料

猪腿肉　300克
苦瓜　150克
豆豉　30克
红辣椒　1个
大蒜　6瓣
葱　10克
水　900毫升
色拉油　适量

调料

盐　1大匙
白糖　1大匙

卤包

八角　3粒
甘草　5克
桂枝　3克
月桂叶　3克

做法

1. 猪腿肉洗净、切块；红辣椒、大蒜均洗净切片；葱洗净切段；苦瓜洗净、去籽、切块，再以沸水稍汆烫后捞起。
2. 热锅，倒入油，放入豆豉爆香，再放入猪腿肉块、红辣椒片、蒜片、葱段炒香。
3. 接着放入水、所有调料及卤包，以大火煮沸后转小火，盖上盖子续炖煮40分钟。
4. 最后将汆烫后的苦瓜块放入锅中卤20分钟即可。

和风蔬菜卤肉

材料

猪里脊肉1000克，土豆1个，胡萝卜1/2 根，芦笋100克，黄色西葫芦1/2条，杏鲍菇20克

调料

酱油200毫升，味啉100毫升，清酒50毫升，白糖30克

做法

1. 煮一锅水，待沸放入猪里脊肉汆烫至肉色变白后，捞出切块，备用。
2. 胡萝卜、土豆分别洗净、去皮、切块；芦笋洗净、去皮、切段；杏鲍菇洗净、切块；黄色西葫芦洗净、切片，备用。
3. 将所有调料调匀后倒入锅中，再放入汆烫后的猪里脊肉块、土豆块、胡萝卜块、芦笋段、杏鲍菇块及黄色西葫芦片，以小火炖煮约30分钟至肉块软烂即可。

油豆腐肉馅

材料

猪肉馅300克，油豆腐250克，蒜末10克，红葱末50克，水700毫升，色拉油3大匙

调料

酱油120毫升，白糖1小匙

做法

1. 油豆腐洗净，放入沸水中汆烫1分钟后，捞起沥干，备用。
2. 热锅，倒入色拉油，放入蒜末及红葱末爆炒至金黄色后取出，即成红葱蒜酥，备用。
3. 原锅留少许油，放入猪肉馅炒至肉色变白后，加入所有调料炒香，再放入水煮沸后，转小火续卤约20分钟。
4. 最后放入红葱蒜酥及汆烫后的油豆腐，卤制约15分钟即可。

土豆卤肉

材料

土豆	300克
甜豆荚	5个
洋葱	1个
胡萝卜	1根
蟹味菇	50克
魔芋	9克
薄猪五花肉片	150克
色拉油	适量
水	300毫升

调料

酱油	65毫升
米酒	30毫升
味啉	20毫升
白糖	20克

做法

1. 土豆洗净、去皮、切块，再泡水至表面淀粉去除后，捞起备用。
2. 洋葱洗净、去皮、切粗丝；胡萝卜洗净、去皮、切块；蟹味菇洗净、沥干；甜豆荚入沸水中汆烫至熟后捞起，再泡冷开水至凉后捞起，然后对半斜切，备用。
3. 魔芋放入沸水中汆烫约3分钟后，捞起放凉，再撕成一口大小的块状，备用。
4. 取锅，将所有调料和水放入锅中煮匀，备用。
5. 另起锅烧热后，倒入色拉油，再将薄猪五花肉片放入锅中翻炒均匀，接着放入土豆块、胡萝卜块、洋葱丝及汆烫后的魔芋块，翻炒均匀后加入煮匀的调料继续炖煮。
6. 待土豆块稍变软后放入蟹味菇煮匀。
7. 最后放入汆烫后的甜豆荚稍煮即可。

角煮

材料

猪五花肉	600克
姜片	4片
葱	10克
秋葵	适量
黄芥末	适量
水	800毫升

调料

酱油	150毫升
白糖	15克
米酒	100毫升
味啉	50毫升

做法

1. 猪五花肉洗净、切大块，放入沸水中汆烫约10分钟后捞起，备用。
2. 葱洗净切段；秋葵入沸水中汆烫至熟后捞起，备用。
3. 取砂锅，放入水（水量需盖过肉）、酱油、白糖、米酒、姜片及葱段，煮沸后放入汆烫后的猪五花肉块，待再次煮沸后盖上锅盖，转小火炖煮约1.5个小时（过程中需翻面），最后放入味啉续煮约10分钟至入味。
4. 将卤好的猪五花肉块盛盘，再放入烫熟的秋葵做装饰，并搭配黄芥末增味即可。

传统卤肉臊

材料

猪肉馅	500克
猪皮	100克
红葱头	50克
水	800毫升
色拉油	适量

调料

酱油	100毫升
盐	少许
冰糖	1大匙
白胡椒粉	1/4小匙
五香粉	少许
米酒	5大匙

做法

1. 红葱头洗净，切去头尾、撕去外膜后切末；猪皮洗净，放入沸水中汆烫约10分钟后，捞出以冷水冲净，再切丝，备用。
2. 热锅，倒入色拉油，放入红葱头末以小火爆炒至上色后盛起，即成红葱酥，备用。
3. 原锅留少许油，放入猪肉馅、汆烫后的猪皮丝炒至上色后，加入所有调料炒香，再放入水煮沸，接着转小火续煮约30分钟。
4. 最后加入红葱酥卤约10分钟即可。

香菇肉臊

材料

猪肉馅600克，红葱头50克，香菇150克，红葱酥20克，水900毫升，色拉油适量

调料

酱油150毫升，白糖1大匙

做法

1. 红葱头洗净、切末；香菇泡软、切丁，备用。
2. 起锅，倒入油烧热后，放入红葱头末爆香，再放入香菇丁炒至香味散出后，放入猪肉馅炒至八成熟（肉馅外观大多呈白色）。
3. 接着放入酱油炒香后，再放入白糖炒匀。
4. 最后加入水煮至沸腾后，转小火煮约30分钟，待猪肉馅煮熟入味后，放入红葱酥以小火续煮约20分钟即可。

辣味肉臊

材料

猪肉馅600克，红葱头50克，红辣椒2个，大蒜5瓣，红葱酥20克，水500毫升，色拉油适量

调料

酱油150毫升，白胡椒粉、花椒粉各1小匙，盐2小匙，白糖1大匙

做法

1. 红葱头洗净、切末；红辣椒、大蒜均洗净、切末，备用。
2. 起锅，倒入油烧热后，放入红葱头末、红辣椒末和蒜末爆香，再放入猪肉馅炒至八成熟（肉末外观大多呈白色）后，加入酱油炒香，接着依序放入白胡椒粉、盐、花椒粉和白糖炒匀。
3. 最后加入水煮沸后，转小火煮约30分钟。
4. 待猪肉馅煮熟入味后，放入红葱酥以小火续煮约20分钟即可。

五香猪皮肉臊

材料

猪皮	300克
红葱头末	50克
蒜末	10克
猪皮高汤	1200毫升
色拉油	适量

调料

酱油	6大匙
冰糖	2大匙
糖色	1大匙
米酒	3大匙
五香粉	少许
甘草粉	少许
白胡椒粉	少许

做法

1. 猪皮洗净，放入沸水中稍汆烫后捞出，备用。
2. 将汆烫后的猪皮放入水中煮20分钟至软化后，捞出切较宽的块状，备用（其中煮猪皮的水即是猪皮高汤）。
3. 热锅，倒入油，放入红葱头末与蒜末爆香后，转小火续炒至蒜末呈金黄色，即成红葱蒜酥，捞出备用。
4. 锅中留少许油，放入煮软的猪皮块和红葱蒜酥炒香。
5. 再放入所有调料（米酒除外）炒至上色。
6. 接着倒入猪皮高汤煮沸后转小火，再滴入米酒，盖上锅盖续煮约30分钟即可。

美味应用

糖色做法：取300克白糖放入热油中以小火炒至融化上色后，加入适量水炒匀、煮沸即可。

川味椒麻肉臊

材料

猪肉馅300克，大蒜8瓣，姜末、葱末各10克，干辣椒、花椒粒各5克，色拉油适量，水700毫升

调料

酱油3大匙，白糖1大匙，盐1小匙

做法

1. 热锅，倒入少许油，放入干辣椒、花椒粒炒香后，再取出放入果汁机中搅打成细末状，即成麻辣香料，备用。
2. 大蒜洗净、切末，备用。
3. 另热锅，倒入少许油，放入蒜末、姜末、葱末爆炒至香味散出后，放入猪肉馅炒香，再放入水及所有调料拌匀。
4. 接着全部移入炖锅中，再加入麻辣香料以大火煮沸后转小火，盖上盖子续卤30分钟即可。

鱼香肉臊

材料

猪肉馅600克，红辣椒1个，大蒜5瓣，葱20克，水300毫升，色拉油适量

调料

酱油100毫升，白胡椒粉、盐、五香粉各1小匙，白糖1大匙

做法

1. 红辣椒、大蒜、葱均洗净、切末。
2. 起锅，倒入油烧热后，放入红辣椒末、蒜末和葱末爆香，再放入猪肉馅炒至八成熟（肉末外观大多呈白色）后，放入酱油炒香，接着依序放入白胡椒粉、盐、五香粉和白糖炒匀。
3. 最后加入水煮至沸腾后，盖上锅盖，转小火续卤约30分钟即可。

葱油肉臊

材料

带皮猪五花肉 600克
大蒜 5瓣
姜片 2片
红葱酥 25克
水 1000毫升
色拉油 适量

调料

酱油 250毫升
绍兴酒 8毫升
五香粉 1/2小匙
胡椒粉 1/4小匙
冰糖 1大匙

做法

1. 带皮猪五花肉洗净后，剁成小块肉丁状；大蒜洗净拍碎后去膜、切末；姜片剁成碎末状，备用。
2. 取锅加热，倒入油，放入猪五花肉丁，以中火炒至肉色变白后捞起，锅中留约2大匙油，备用。
3. 将蒜末、姜末放入锅中炒香，再放入炒过的带皮猪五花肉丁炒匀，接着放入红葱酥炒香。
4. 然后放入酱油、绍兴酒、五香粉和胡椒粉，翻炒约2分钟至香味散出后，倒入水以大火煮至沸腾，再放入冰糖煮溶。
5. 最后全部移入砂锅中，以小火焖煮约2个小时即可。

塔香肉臊

材料

猪肉馅300克，罗勒叶30克，大蒜20克，水600毫升，色拉油适量

调料

酱油3大匙，白糖1大匙，米酒2大匙

做法

1. 罗勒叶洗净，放入热油中炸酥后，捞起压成碎末状，备用。
2. 大蒜切末，入热油中炸至金黄后捞起，即成蒜头酥，备用。
3. 取锅加热，倒入油，放入蒜头酥和猪肉馅炒香，再放入水及所有调料拌匀。
4. 接着全部移入炖锅中，以大火煮沸后转小火，盖上盖子炖煮60分钟后，放入炸酥的罗勒叶末即可。

炸酱肉臊

材料

猪肉馅400克，豆干200克，蒜末10克，豌豆仁、红葱头末各30克，水800毫升，色拉油4大匙

调料

甜面酱、豆瓣酱各2大匙，酱油1大匙，白糖1/2大匙

做法

1. 豆干洗净、切细丁，备用。
2. 热锅，倒入色拉油，放入豆干丁炒香后取出，备用。
3. 原锅留少许油，放入红葱头末和蒜末爆香，再放入猪肉馅炒至肉色变白后，放入所有调料炒匀。
4. 接着加入水煮沸后，转小火续煮45分钟，最后放入炒香的豆干丁及豌豆仁煮至入味即可。

各类排骨肉介绍

肋排（背）

为背部整排平行的肋骨。其肉质厚实，最适合整排烧烤。

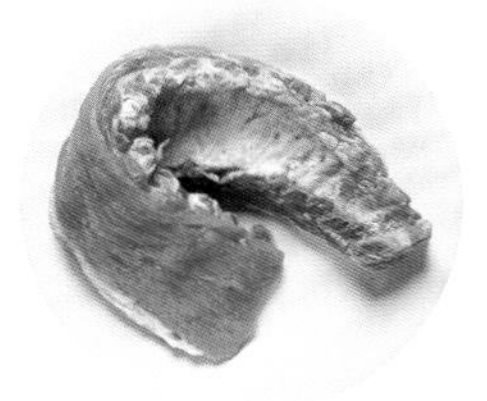

软骨肉排

连着白色软骨旁的肉。其适合用来炒、烧、蒸。

小里脊肉排

从腰连到肚的里脊肉，是排骨肉中最软嫩的部位。其烹饪时较易入味，短时间内就能熟透，适合用来炸、炒。

胛心肉排

因肉中带有油脂而称为胛心肉。其油脂可让肉在烹调时不会紧缩，所以特别适合拿来烧烤。

大里脊肉排

即腰旁的带骨里脊肉。其适合用来油炸、炒、烧。

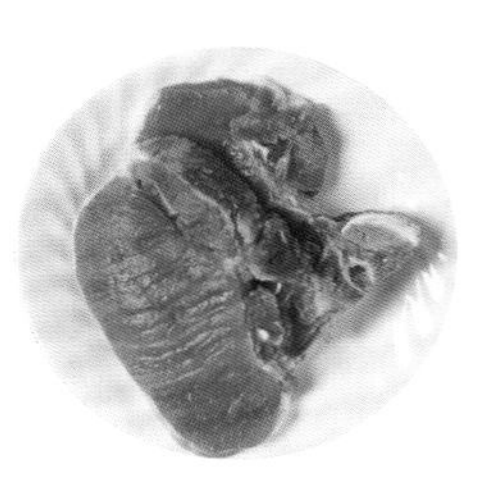

肋排（肚腩）

靠近肚腩边的肋骨肉，因接近五花肉而稍带油脂，骨头较短，整片烧烤或切块烹调皆可。

排骨肉的挑选方法

1. 挑选排骨肉时，以肉色为粉红色或红色为佳；若肉色暗红或灰白，则表示肉质已不新鲜。

2. 可通过闻来判断肉有无异味，若闻起来发臭，则表示肉已变质。

3. 肉表面若较湿，且摸着软软的，则代表此肉已无弹性，已不新鲜。

排骨肉的保存方法

1. 排骨最好现买现做，若不是立即烹饪，可放入冰箱冷藏1天左右。

2. 排骨也可包上保鲜膜或放入塑料袋内装好后，再放入冰箱冷冻。烹饪当天或前晚拿出来，放入冷藏室解冻即可。

3. 排骨要解冻完全后才能拿来烹饪。

葱卤排骨

材料

猪腩排500克，葱150克，水500毫升，色拉油少许

调料

酱油4大匙，白糖4大匙，绍兴酒3大匙

做法

1. 猪腩排洗净后，剁成4厘米长的块状；葱洗净、切三段，备用。
2. 猪腩排块泡水30分钟后捞出，放入沸水中汆烫去血水、脏污后捞出，备用。
3. 取锅，倒入油，放入葱段炒至略焦后，放入汆烫后的猪腩排块、水及所有调料拌匀。
4. 接着盖上锅盖，以小火卤约1个小时后盛盘即可（可另加入适量烫熟的西蓝花做装饰）。

香卤排骨

材料

猪排骨700克，大蒜30克，蒜苗圈适量，八角3粒，水800毫升

调料

酱油70毫升，冰糖1/2大匙，辣豆瓣酱1大匙，盐少许，米酒2大匙

做法

1. 猪排骨洗净切段，放入沸水中汆烫去血水、脏污后捞起，再放入冷水中洗净，备用；大蒜洗净备用。
2. 将洗净的猪排骨放入电饭锅内锅中，再放入水、大蒜、八角及所有调料。
3. 电饭锅外锅加入2杯水，按下蒸煮开关，煮至开关跳起后，再焖10分钟。
4. 最后放入蒜苗圈续焖5分钟即可。

红曲卤排骨

材料

猪小排500克，葱20克，姜25克，肉桂12克，月桂叶5片，八角5克，红曲米1茶匙，色拉油2大匙，水600毫升

调料

酱油100毫升，白糖3大匙，绍兴酒5大匙

做法

1. 猪小排洗净，剁成长约8厘米的小块后，放入沸水中汆烫去血水、脏污，捞出以冷水冲净，备用。
2. 葱、姜均洗净、沥干、拍松，备用。
3. 热锅，倒入色拉油，以中火爆香葱、姜至金黄微焦后取出，再放入汤锅中。
4. 于汤锅中放入肉桂、月桂叶、八角、水以及所有调料煮至沸腾后，放入红曲米和汆烫后的猪小排块再次煮至沸腾，接着转小火焖煮约40分钟，待汤汁收至猪小排的一半高度即可（可用汆烫熟的上海青摆盘装饰）。

绍兴酒卤排骨

材料

猪排骨600克，姜片10克，葱段、大蒜各30克，红辣椒段15克，水700毫升，色拉油2大匙

调料

绍兴酒200毫升，酱油50毫升，红糟1/2大匙，盐少许

做法

1. 猪排骨洗净切段，备用。
2. 热锅，倒入色拉油，放入姜片、葱段、大蒜和红辣椒段爆香，再放入洗净的猪排骨炒至变色。
3. 接着放入所有调料炒香，最后加入水煮沸后转小火，盖上锅盖，续卤约1个小时至猪排骨入味即可。

香葱卤排骨

材料

猪排骨600克，葱100克，洋葱120克，红葱头60克，水600毫升，色拉油少许

调料

盐2茶匙，白糖1茶匙，米酒4大匙

做法

1. 将猪排骨剁成长约6厘米的块状后，放入沸水中汆烫约3分钟，再捞出洗净，备用。
2. 洋葱洗净切丝；红葱头洗净切片；葱洗净切段，备用。
3. 热锅，倒入油，以小火爆炒洋葱丝、红葱头片及葱段至焦香后，全部移入汤锅中。
4. 再将汆烫后的猪排骨、水及所有调料放入汤锅中，煮至沸腾后转微火，盖上锅盖，续煮约40分钟至猪排骨熟软即可。

药膳卤排骨

材料

猪排骨600克，姜片50克，黄芪6克，党参10克，川芎、陈皮各3克，红枣6颗，枸杞子5克，水600毫升

调料

盐2茶匙，白糖1茶匙，米酒4大匙

做法

1. 将猪排骨洗净剁成长约6厘米的块状后，放入沸水中汆烫约3分钟，再捞出洗净，备用。
2. 将除猪排骨、姜片、水外的所有材料以冷水稍微冲洗后，沥干备用。
3. 将汆烫后的猪排骨及姜片、水放入汤锅中，再放入上一步洗净的材料及所有调料，煮至沸腾后转微火。
4. 盖上锅盖，以微火煲约40分钟至猪排骨熟软即可。

豆干卤小排

材料

猪小排	600克
豆干	150克
葱段	20克
姜片	30克
水	1500毫升

调料

冰糖	2大匙
米酒	3大匙

卤包

丁香	3克
白胡椒粒	5克
花椒	3克
月桂叶	3克

做法

1. 猪小排洗净、剁块，放入热油中炒香后捞起，备用。
2. 原锅留少许油，放入葱段、姜片炒香后，再放入事先炒香的猪小排块和豆干炒匀。
3. 接着放入水、所有调料和卤包，以大火煮沸后转小火，盖上锅盖，续炖煮90分钟即可。

玫瑰卤仔排

材料

猪排骨700克，红辣椒2个，姜20克，葱30克，万用卤包1包，水500毫升，色拉油少许

调料

酱油、玫瑰露酒各100毫升，白糖2大匙

做法

1. 猪排骨洗净剁小块后，放入沸水中汆烫约3分钟，再捞出洗净，备用。
2. 姜洗净切片；葱洗净切段；红辣椒洗净对切，备用。
3. 热锅，倒入油，以小火爆香葱段、姜片及红辣椒段后，全部移入汤锅中。
4. 再将汆烫后的猪排骨、万用卤包、水及所有调料放入汤锅中，煮沸后转微火，盖上锅盖，以微火保持沸腾状态约40分钟至猪排骨熟软即可。

味噌卤排骨

材料

猪排骨700克，大蒜10瓣，红辣椒2个，姜50克，色拉油少许，水500毫升

调料

味噌、白糖各2大匙，酱油、米酒各50毫升

做法

1. 猪排骨洗净剁成约6厘米长的块状，再放入沸水中汆烫约3分钟后，捞出洗净，备用。
2. 红辣椒洗净对切；姜洗净切片，备用；大蒜洗净备用。
3. 热锅，倒入油，以小火爆香大蒜、姜片及红辣椒段，再全部移入汤锅中。
4. 接着将汆烫后的猪排骨、水及所有调料放入汤锅中，煮至沸腾后转微火。
5. 盖上锅盖，以微火保持沸腾状态约40分钟至猪排骨熟软即可。

麻辣卤肋排

材料

猪肋排	600克
大蒜	60克
姜	40克
葱	80克
干辣椒	8克
花椒粒	1大匙
色拉油	4大匙
水	700毫升

调料

辣豆瓣酱	3大匙
酱油	80毫升
白糖	3大匙
米酒	50毫升

做法

1. 猪肋排洗净剁成长约6厘米的块状后，放入沸水中汆烫约3分钟，再捞出洗净，备用。
2. 大蒜洗净拍松；姜洗净切片；葱洗净切段，备用。
3. 热锅，倒入色拉油，以小火爆香葱段、姜片及大蒜后，放入辣豆瓣酱炒香。
4. 再放入干辣椒及花椒粒略炒后，加入水煮沸，接着放入汆烫后的猪肋排块及剩余调料。
5. 待再次煮沸后转微火，盖上锅盖，以微火保持沸腾状态约40分钟至猪肋排熟软即可。

酱大骨

材料

带肉猪脊骨	1000克
水	1000毫升
葱	30克
姜	20克
红辣椒末	少许
色拉油	约4大匙

调料

酱油	300毫升
白糖	150克
米酒	100毫升

卤包

草果	2颗
八角	10克
桂皮	8克
丁香	5克
花椒粒	5克
小茴香	3克
白豆蔻	3克

做法

1. 将所有卤包材料用纱布包包好，制成卤包，备用。
2. 猪脊骨用开水汆烫约3分钟后，捞起洗净，沥干。
3. 葱、姜均洗净、拍扁、切段，备用。
4. 取炒锅加热，倒入色拉油，放入葱段、姜段以中火爆香后，放入水、卤包及所有调料煮至沸腾。
5. 接着放入汆烫后的猪脊骨，待再次煮开后转小火，盖上锅盖，保持沸腾状态约50分钟后开盖续煮，且期间不断翻动猪脊骨使其受热均匀。
6. 最后煮至汤汁略收干呈浓稠状时，撒上红辣椒末，即可盛盘。

怎样处理猪蹄

1 清洗

猪蹄买回来后，先剁成段状，或者让卖家事先剁好。再用清水将各个部位洗净，除了外皮要洗净外，还要将皮肉翻开，洗净骨头上残留的杂质等。

2 汆烫

汆烫猪蹄主要是逼出之前没洗到的杂质、脏血等，通常依猪蹄分量多少决定汆烫的时间。但是至少需要5分钟，这样才能让皮肉更好地收缩，从而增加猪蹄弹性的口感。

3 冰水冷却

将汆烫后的猪蹄快速放入加了冰块的冷水中冷却，主要是让其皮脂与肉质在遇冷后急速收缩，从而增加猪蹄肉质的弹性。

4 拔毛

虽然买回来的猪蹄大部分已去毛，但还是没有自己动手来得仔细。猪毛很粗，如果吃的时候看到残存的猪毛，一定会倒胃口，所以，要用拔毛夹仔细将其拔干净。

5 刮角质

猪蹄外皮上会有一层角质，跟人一样，皮肤没洗也是有角质的。所以，拔完毛后，可以用刀轻刮一下表皮，将其表面角质去除，这样炖煮出来的猪蹄外皮才会滑嫩。

6 油炸

汆烫后的猪蹄，依照不同的烹饪方式，会做不同的处理。如果要让皮有脆脆硬硬的口感，事先放入锅中油炸最好，但下锅前，记得要先把猪蹄表皮擦干再炸，以免发生油爆这种危险的情况。

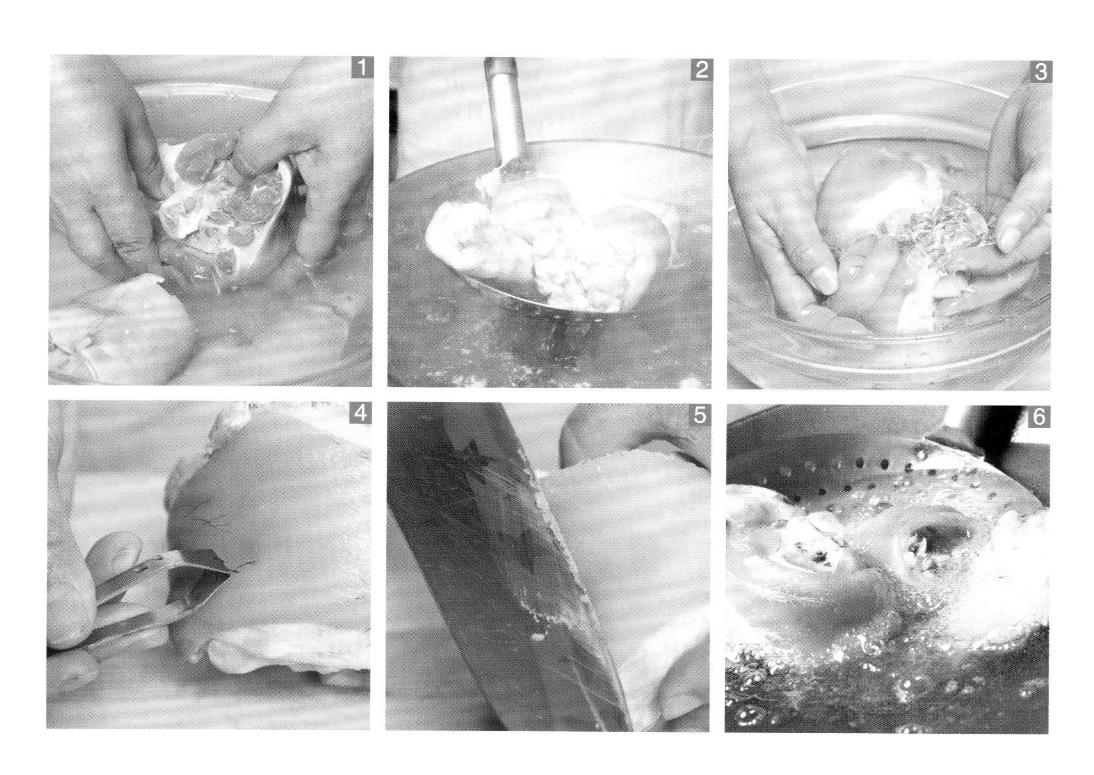

花生卤猪蹄

材料
猪蹄550克，生花生仁100克，姜片8克，葱段10克，水700毫升，色拉油1大匙

调料
万用卤包1/2包，酱油60毫升

做法
1. 先用镊子将猪蹄上的细毛拔净，再将猪蹄洗净剁成小段状，备用。
2. 生花生仁洗净后，放入冷水中泡约1个小时。
3. 取汤锅，倒入色拉油烧热后，放入姜片与葱段以中火爆香。
4. 再放入水、万用卤包、酱油、猪蹄段及泡软的生花生仁，以中火煮开。
5. 盖上锅盖，继续以中火保持沸腾状态约40分钟即可。

可乐卤猪蹄

材料
猪蹄800克，葱30克，姜20克，可乐1罐，水1000毫升

调料
酱油180毫升，冰糖1大匙

做法
1. 猪蹄洗净、剁小块，备用。
2. 煮一锅水，待沸后将洗净的猪蹄块放入，汆烫约10分钟后，捞出沥干，备用。
3. 葱、姜均洗净、拍松，再放入汤锅中。
4. 于汤锅再放入汆烫后的猪蹄块，接着放入可乐、水和所有调料煮至沸腾。
5. 最后盖上锅盖，转小火炖煮约2个小时至猪蹄块熟透软化、汤汁略微收干即可。

香辣猪蹄

材料

猪蹄　800克
香辣卤汁　适量

做法

1. 猪蹄洗净、剁小块，备用。
2. 煮一锅水，待沸放入洗净的猪蹄块汆烫约3分钟后，捞出沥干，备用。
3. 取锅，放入香辣卤汁煮至沸腾后，放入汆烫后的猪蹄块，转小火煮至卤汁微微沸腾时，盖上锅盖，转微火卤约50分钟。
4. 最后熄火闷约30分钟即可。

香辣卤汁

卤包材料： 草果2颗，八角10克，桂皮8克，沙姜15克，丁香、花椒粒各5克，小茴香、月桂叶各3克，罗汉果1/4颗

卤汁材料： 水1600毫升，酱油600毫升，干红辣椒40克，葱30克，姜20克，白糖120克，米酒100毫升

做法：
1. 草果洗净拍碎，罗汉果洗净剖开，与其余卤包材料一起放入卤包袋中包好，制成卤包，备用。
2. 葱和姜均洗净、沥干、拍松，备用。
3. 将葱、姜和干红辣椒放入热油中，以中火爆香至微焦后，全部取出放入汤锅中，备用。
4. 于汤锅中再加入剩余卤汁材料和卤包，煮至沸腾后，转小火保持沸腾状态约5分钟，至卤汁散发出香味即可。

风味猪蹄

材料

猪蹄	900克
大蒜	6瓣
姜片	3片
葱段	20克
八角	2粒
蜜甘草	2片
桂皮	5克
丁香	1克
水	2500毫升
色拉油	2大匙

调料

酱油	330毫升
冰糖	1大匙
胡椒粉	少许
盐	少许

蘸酱

猪蹄卤汁	100毫升
酱油	50毫升
白糖	少许
冷开水	1大匙
蒜泥	适量

做法

1. 猪蹄洗净，放入沸水中汆烫约6分钟后，捞出泡入冰水中待凉，备用。
2. 热锅，倒入油，爆香大蒜、姜片、葱段后，放入八角、蜜甘草、桂皮、丁香一起炒香。
3. 然后全部移入砂锅中，再放入放凉后的猪蹄、水及所有调料，煮沸后转小火续煮约30分钟关火，让猪蹄浸泡一夜至入味。
4. 将砂锅移入火上再次煮沸后，转小火续煮约50分钟后熄火，待汤汁放凉后取出猪蹄（剩下的即是猪蹄卤汁），再将猪蹄放入冰箱冷藏约3个小时后，取出去骨、切片，或切小块。
5. 将所有蘸酱材料搅拌均匀即成蘸酱，搭配卤好的猪蹄肉片食用即可。

茶香猪蹄

材料

猪蹄900克，八角1粒，桂皮3克，花椒粒1克，茶叶5克，沸水1300毫升，上海青适量

调料

酱油180毫升，米酒30毫升，冰糖1大匙，盐少许

做法

1. 猪蹄洗净后，放入沸水中汆烫约5分钟，再捞出泡入冰水中待凉；上海青入沸水中汆烫至熟后，捞出备用。
2. 取砂锅，放入泡凉后的猪蹄，再放入八角、桂皮、花椒粒及所有调料，煮出香味后倒入沸水，并转小火煮约1.5个小时。
3. 接着放入茶叶续煮约5分钟后关火，再闷约10分钟后盛盘。
4. 最后以烫熟的上海青做装饰即可。

红糟卤猪蹄

材料

猪蹄900克，姜片10克，大蒜5瓣，葱段15克，红糟100克，水1300毫升，西蓝花适量，色拉油2大匙

调料

味噌135克，味啉50毫升，绍兴酒3大匙，冰糖1大匙，盐少许，酱油1小匙

做法

1. 猪蹄洗净后，放入沸水中汆烫约5分钟，再捞出泡入冰水中待凉，备用。
2. 热炒锅，倒入色拉油，爆香姜片、大蒜、葱段后，放入泡凉后的猪蹄翻炒约1分钟。
3. 再放入红糟与所有调料炒香，接着全部移入砂锅中，加入水以中火煮至沸腾后，盖上锅盖，转小火续煮约75分钟关火，再闷15分钟后盛盘。
4. 西蓝花放入沸水中烫熟后，捞出搭配红糟猪蹄食用即可。

白卤猪蹄

材料

猪蹄	1200克
葱段	15克
姜片	15克
水	2000毫升
葱花	适量
仔姜丝	适量

调料

米酒	50毫升
冰糖	1/2大匙
盐	1小匙

卤包

当归	10克
川芎	10克
白胡椒粒	10克
桂皮	10克
月桂叶	5片

做法

1. 猪蹄洗净，放入沸水中汆烫至猪蹄表面变白后捞起，备用。
2. 将汆烫后的猪蹄、葱段、姜片放入电饭锅内锅中，再放入米酒、水和卤包。
3. 电饭锅外锅加入2杯水（分量外），按下蒸煮开关，煮至开关跳起后，再焖10分钟。
4. 接着放入剩余调料，外锅再放1杯水（分量外），按下蒸煮开关，煮至开关再次跳起后，续焖10分钟。
5. 最后将卤好的猪蹄取出，去骨、切小块后盛盘，最后放入葱花和仔姜丝即可。

PART 2

风味独特的牛羊卤味

除了猪肉之外，一直广受欢迎的牛肉、羊肉也能拿来卤煮。牛肉虽然油花较少，但经过卤制之后，也另有一番风味，特别是加入特殊食材共卤的牛肉卤味，不但具有独特的香气，炖卤时间也会大大减少，如啤酒卤牛肉、果汁卤牛腩等；羊肉虽然味道较特殊，但经过正常的处理与腌渍之后，卤出来的滋味格外令人惊艳。

家常卤牛腩

材料

牛腩	600克
胡萝卜块	100克
白萝卜块	200克
姜片	25克
洋葱丝	25克
水	800毫升
色拉油	2大匙

调料

辣豆瓣酱	2大匙
酱油	2大匙
白糖	1小匙
盐	少许

做法

1. 牛腩洗净、切块，备用。
2. 将洗净的牛腩块放入沸水中汆烫去血水后，捞起沥干，备用。
3. 将胡萝卜块和白萝卜块放入沸水中汆烫约3分钟后，捞起沥干，备用。
4. 热锅，倒入色拉油，放入姜片及洋葱丝爆香，再放入辣豆瓣酱炒香，接着放入汆烫后的牛腩块翻炒。
5. 然后将剩余调料放入锅中翻炒均匀后，倒入水煮沸，再转小火煮约40分钟。
6. 最后放入汆烫后的胡萝卜块和白萝卜块，续煮约20分钟即可。

胡萝卜土豆卤牛腩

材料

牛腩500克，胡萝卜50克，土豆100克，姜片3片，葱10克，八角4粒，水3000毫升

调料

酱油3大匙，白糖1大匙，米酒2大匙

做法

1. 牛腩切块，放入沸水中汆烫至熟后，捞出以冷水洗净，备用。
2. 土豆、胡萝卜分别洗净、去皮、切块；葱洗净切段，备用。
3. 取锅，放入汆烫后的牛腩块、土豆块、胡萝卜块、姜片、葱段、八角、水及所有调料，以小火卤约2个小时至材料入味、牛腩熟透，即可盛盘。

胡萝卜卤牛肉

材料

牛肉600克，胡萝卜200克，葱10克，姜20克，红辣椒1个，西蓝花适量，水500毫升

调料

酱油50毫升，米酒20毫升

做法

1. 牛肉洗净，放入沸水中烫熟后（可用筷子插入测试是否有血水），捞起以冷水洗净，再捞出切块；西蓝花入沸水中烫熟后，捞起沥干，备用。
2. 葱、红辣椒均洗净、切段；姜洗净切片；胡萝卜洗净、去皮、切块，备用。
3. 取深锅，放入烫熟的牛肉块、葱段、红辣椒段、姜片、水及所有调料，盖上锅盖，以小火卤约30分钟。
4. 待牛肉块变软后，再放入胡萝卜块，盖上锅盖，以小火煮20分钟后盛出，最后放入烫熟的西蓝花即可。

红白萝卜卤牛腩

材料

牛腩	200克
胡萝卜	100克
白萝卜	100克
姜	10克
葱	10克
水	800毫升
色拉油	1大匙
万用卤包	1包

调料

盐	少许
白胡椒粉	少许
米酒	1大匙
香油	1小匙
酱油	1大匙

做法

1. 牛腩洗净、切块，放入沸水中汆烫至熟后捞起。
2. 白萝卜、胡萝卜均洗净去皮、切块；姜洗净切片；葱洗净切段。
3. 取汤锅，倒入色拉油，放入姜片、葱段爆香，再放入白萝卜块、胡萝卜块以中火翻炒均匀。
4. 接着放入汆烫过的牛腩块、水、卤包及所有调料，以小火炖卤约30分钟即可。

西红柿卤牛肉

材料

去皮西红柿3个，牛肋条900克，葱段200克，姜片20克，蒜片10克，牛高汤3500毫升，色拉油少许

调料

盐少许

做法

1. 去皮西红柿切块；牛肋条洗净，放入沸水中烫熟后，捞起以冷水冲净，待凉后切块。
2. 起锅，倒入色拉油烧热后，放入葱段、姜片、蒜片爆香。
3. 再放入去皮西红柿块翻炒，接着放入烫熟的牛肋条块翻炒。
4. 最后放入牛高汤，煮开后转小火卤90分钟，待汤汁略收干后，加入盐调味即可。

西红柿蔬菜卤牛肉

材料

圆白菜200克，西红柿2个，洋葱1/2个，奶油、面粉各30克，蒜片10克，熟牛腱块300克，牛高汤1000毫升

调料

番茄糊2大匙，鸡精1茶匙

做法

1. 圆白菜洗净、切块；西红柿洗净、切块；洋葱洗净切片，备用。
2. 起锅，放入奶油加热至融化后，放入蒜片炒香，再放入面粉炒匀。
3. 接着放入熟牛腱块、牛高汤一起拌匀后，放入番茄糊共煮，待汤汁沸腾后转小火卤约30分钟。
4. 然后放入圆白菜块、西红柿块、洋葱片续煮约15分钟，最后放入鸡精拌匀调味即可。

洋葱卤牛肉

材料

牛腩200克，洋葱1个，水1000毫升，丁香2粒，姜、葱各10克，月桂叶1片，色拉油1大匙

调料

盐、白胡椒粉各少许，酱油1大匙，香油1小匙

做法

1. 牛腩洗净、切块，放入沸水中汆烫至熟后捞起，备用。
2. 洋葱洗净切大块；姜洗净切片；葱洗净切段，备用。
3. 取炒锅，倒入色拉油，放入姜片、葱段爆香后，再放入洋葱块及烫熟的牛腩块以中火炒香。
4. 最后放入月桂叶、丁香、水及所有调料，以小火炖卤约30分钟至牛腩块软烂即可。

双葱卤牛肉

材料

牛腩600克，洋葱1/2个，葱40克，色拉油2大匙，水2500毫升

调料

酱油50毫升，番茄酱1大匙，白糖1/2小匙，盐少许

做法

1. 牛腩洗净、切块，放入沸水中汆烫去血水后，捞起沥干，备用。
2. 洋葱洗净、切块；葱洗净、切段，备用。
3. 热锅，倒入色拉油，放入洋葱块、葱段炒香后取出，备用。
4. 原锅留少许油，放入汆烫后的牛腩块炒香，再放入所有调料炒匀，接着加入水煮沸后，转小火续煮约1个小时。
5. 最后放入炒香的洋葱块、葱段，续卤约20分钟至牛腩块入味即可。

红酒卤牛肉

材料

牛肋条	600克
西芹	200克
胡萝卜	200克
洋葱	200克
红酒	1000毫升
奶油	适量
牛高汤	500毫升
月桂叶	10片
培根块	150克
蘑菇	150克
香菜	适量

做法

1. 牛肋条洗净、切块，西芹洗净、切段，胡萝卜、洋葱均洗净、去皮、切块，然后全部放入大碗中，再倒入红酒，接着将碗放入冰箱冷藏、腌渍一晚，备用。
2. 取出大碗，以滤网过滤出红酒，再将牛肋条块和其余蔬菜分开，备用。
3. 取锅，倒入滤出的红酒，以小火将红酒熬煮至一半的量时熄火，备用。
4. 热平底锅，放入少许奶油加热至融化后，放入腌渍后的牛肋条块煎至上色，再捞起沥油，备用。
5. 另热锅，放入少许奶油加热至融化后，放入腌渍后的所有蔬菜炒香，再倒入熬煮后的红酒拌匀。
6. 接着放入已煎至上色的牛肋条块、牛高汤、月桂叶、培根块、洗净的蘑菇，以小火炖卤约40分钟至牛肋条块软烂，最后捞去月桂叶，撒上香菜即可。

啤酒卤牛肉

材料

牛肋条	250克
西芹	60克
洋葱	1个
胡萝卜	1根
芦笋	100克
蘑菇	4朵
啤酒	1000毫升
奶油	适量
牛高汤	500毫升
低筋面粉	适量

调料

盐	适量
胡椒粉	少许

做法

1. 牛肋条洗净、切块，西芹洗净、切段，胡萝卜、洋葱均洗净、去皮、切块，芦笋洗净、切段，然后全部放入大碗中，再倒入啤酒，接着将碗放入冰箱冷藏、腌渍一晚，备用。
2. 取出大碗，以滤网过滤出啤酒，再将牛肋条块和其余蔬菜分开，备用。
3. 取锅，倒入过滤出的啤酒，以小火将啤酒熬煮至一半的量时熄火，备用。
4. 将腌渍过的牛肋条块蘸上一层薄薄的低筋面粉，备用。
5. 热锅，放入少许奶油加热融化后，放入蘸有低筋面粉的牛肋条块煎至上色，再捞起沥油，备用。
6. 另热锅，放入少许奶油加热融化后，放入腌渍过的所有蔬菜炒香，再倒入熬煮后的啤酒拌匀。
7. 接着放入已煎至上色的牛肋条块、牛高汤、洗净的蘑菇，以小火炖卤约50分钟至牛肋条块软烂，最后加入盐、胡椒粉拌匀调味即可。

茶香牛腩

材料

牛腩700克，姜粒20克，绿茶叶30克，
八角4粒，水1000毫升，桂皮1块，草果2颗，
花椒粒5克，色拉油适量

调料

盐、白糖各1茶匙，绍兴酒1茶匙

做法

1. 取锅加适量水（水量需盖过食材），放入牛腩、桂皮、草果、花椒粒、八角，以小火煮1个小时后，取出牛腩切块，备用。
2. 另起锅，倒入油烧热后，放入姜粒、煮后的牛腩块以小火炒香，再放入1000毫升水、绿茶叶与所有调料，续以小火卤约30分钟至牛腩块软烂即可。

美味应用

茶香牛肉的香气重点是在茶叶的选择上，不论是一般的生茶、半生熟茶，还是我们熟知的高山茶、乌龙茶等，都可以拿来卤，但是像普洱茶这类味道较重的茶却不适合。

豆瓣酱卤牛肉

材料

牛肋条500克，红葱头20克，姜30克，
八角5克，水1000毫升，色拉油1大匙

调料

豆瓣酱、白糖各2大匙，盐1/6茶匙

做法

1. 牛肋条洗净、切小块，再放入沸水中汆烫去血水、脏污后，捞起沥干，备用。
2. 红葱头洗净去皮、切末；姜洗净切末，备用。
3. 热锅，倒入色拉油，以小火爆香红葱头末和姜末，再放入豆瓣酱略炒香后，放入汆烫后的牛肋条块、八角、水及剩余调料，煮至沸腾后转小火炖煮约1.5个小时，至牛肋条块熟透软化、汤汁略微收干即可。

果汁卤牛腩

材料

牛腩 600克
菠萝 80克
苹果 1个
洋葱 1/2个
胡萝卜 80克
柳橙汁 100毫升
牛高汤 800毫升
水淀粉 2大匙
色拉油 1大匙

调料

白醋 2大匙
白糖 2大匙
番茄酱 1茶匙
盐 1大匙

做法

1. 将整块牛腩放入沸水中炖煮（水量需高出牛腩约4厘米），待沸腾后转小火续煮约40分钟后熄火，再加盖闷约20分钟，即可捞出牛腩放凉，备用。
2. 将放凉后的牛腩切成大块状；胡萝卜洗净切滚刀块；洋葱洗净切片；菠萝去皮，洗净切厚片；苹果洗净切小片，备用。
3. 取不锈钢炒锅，烧热后倒入色拉油，再放入洋葱片炒香，接着放入放凉后的牛腩块炒约2分钟。
4. 然后放入牛高汤、苹果片、菠萝片、柳橙汁、胡萝卜块与白糖共煮，待沸腾后转小火，再放入白醋卤约30分钟。
5. 最后放入番茄酱和盐续煮约10分钟后，以水淀粉勾芡即可。

贵妃牛腩

材料

牛腩	600克
胡萝卜	1根
姜片	3片
葱	20克
水淀粉	适量
水	1000毫升
色拉油	2大匙

调料

辣豆瓣酱	1大匙
甜面酱	1小匙
番茄酱	1大匙
米酒	1大匙
酱油	1小匙
白糖	1小匙

做法

1. 将牛腩放入沸水中汆烫去血水后，捞起沥干，备用。
2. 另取锅加水1000毫升，再放入汆烫后的牛腩煮约45分钟后，取出放凉、切块，剩余即是牛高汤。
3. 葱洗净、切小段；胡萝卜削皮、切块，备用。
4. 起锅，倒入油烧热后，放入姜片、葱段爆香，再放入所有调料炒香，接着放入煮熟的牛腩块以小火翻炒2分钟。
5. 然后倒入牛高汤至没过食材1厘米的高度后，盖上锅盖续卤约30分钟。
6. 最后放入胡萝卜块卤15分钟，以水淀粉勾芡即可。

西红柿香草卤牛肉

材料

牛板腱	250克
盐	少许
胡椒粉	少许
大蒜	8瓣
杏鲍菇	20克
圣女果	5个
芦笋	50克
西红柿	1个
去皮西红柿	适量
百里香	适量
鼠尾草	适量
橄榄	6颗
高汤	300毫升
奶油	适量

调料

盐	适量
胡椒粉	适量

做法

1. 牛板腱洗净、切块，再加入少许盐和胡椒粉抓匀，备用。
2. 热锅，放入少许奶油加热至融化后，放入洗净的牛板腱块煎至上色，备用。
3. 大蒜洗净切末；杏鲍菇、芦笋均洗净切片；圣女果洗净对半切；西红柿去皮、去籽、切丁，备用。
4. 另热锅，放入少许奶油加热至融化后，放入大蒜末炒香，再放入杏鲍菇片、芦笋片、西红柿丁、圣女果块、百里香以及鼠尾草翻炒均匀。
5. 接着放入去皮西红柿、高汤、橄榄以及已煎的牛板腱块，盖上锅盖，转小火炖卤约30分钟，最后加入剩余的所有调料拌匀即可。

和风味噌卤牛肉

材料

大头菜、小胡萝卜、小洋葱各200克，
牛高汤1500毫升，熟牛腱块400克

调料

味噌2大匙，白糖1小匙

做法

1. 大头菜去皮、切块；小胡萝卜洗净；小洋葱剥皮、洗净，备用。
2. 取汤锅，倒入牛高汤，再放入熟牛腱块，一同以小火煮约20分钟。
3. 接着放入大头菜块、小胡萝卜、小洋葱和所有调料，卤约20分钟即可。

蘑菇西红柿卤牛肉

材料

牛肋条400克，西红柿200克，蒜末10克，
洋葱60克，蘑菇80克，色拉油少许，
水200毫升

调料

盐1/8大匙，番茄酱4大匙，白糖1大匙

做法

1. 将牛肋条洗净切成厚约2厘米的小方块；西红柿、洋葱均去皮，洗净切块，备用；蘑菇洗净备用。
2. 将牛肋条块放入沸水中汆烫约1分钟后，捞出洗净、沥干，备用。
3. 热炒锅，倒入色拉油，放入洋葱块及蒜末，转中小火炒香后，放入汆烫后的牛肋条块炒至微焦香，最后放入西红柿块、蘑菇、水及所有调料，盖上锅盖，转小火卤约20分钟，即可盛盘。

咖喱巴东卤牛肉

材料

牛臀肉	500克
洋葱	50克
红葱头	40克
姜	35克
大蒜	35克
红辣椒	70克
水	100毫升
色拉油	1大匙
柠檬叶	3片
姜末	25克
牛高汤	500毫升
椰奶	200毫升
色拉油	适量

调料

酱油	20毫升
辣椒粉	1茶匙
姜黄粉	1茶匙
香茅粉	1/2茶匙
咖喱粉	1大匙
白糖	适量
盐	适量

做法

1. 牛臀肉洗净切大块，备用。
2. 将洋葱、红葱头、姜、大蒜、红辣椒均洗净备用，再将这些材料同水、色拉油放入果汁机中，搅碎成酱料，备用。
3. 热锅，倒入适量油，放入牛臀肉块以小火煎约3分钟至肉块呈金黄色时，放入酱油和酱料翻炒约1分钟至牛臀肉入味，再放入柠檬叶、姜末、辣椒粉、姜黄粉、香茅粉、咖喱粉翻炒1～2分钟至有香味散发出来。
4. 接着放入牛高汤、椰奶炒匀，最后以盐、白糖调味后，转小火续煮约40分钟至汤汁收干即可。

泰式酸辣牛肉

材料

熟牛腱	500克
西红柿	1个
洋葱	1/4个
香茅	适量
柠檬	1个
牛高汤	1000毫升
水淀粉	2茶匙
色拉油	1大匙

调料

鱼露	1茶匙
泰式酸辣酱	1大匙
白糖	2大匙

做法

1. 熟牛腱洗净切块；西红柿、洋葱均洗净切块；柠檬洗净榨汁；香茅洗净切段，备用。
2. 取不锈钢炒锅烧热后，倒入色拉油，再放入洋葱块炒香，接着放入牛高汤煮沸后转小火。
3. 然后放入熟牛腱块、香茅段、柠檬汁及泰式酸辣酱，以小火煮约30分钟后，放入西红柿块和剩余调料续煮约10分钟，最后以水淀粉勾芡即可。

德式牛肉

材料

牛肩肉	1000克
胡萝卜	100克
洋葱	1个
红酒	400毫升
红酒醋	200毫升
杜松子	30克
丁香	适量
月桂叶	2片
奶油	25克
高汤	250毫升
水淀粉	少许
低筋面粉	适量

调料

白糖	适量

做法

1. 牛肩肉洗净、切块，胡萝卜、洋葱均洗净、去皮、切块，再全部放入大碗中，接着放入月桂叶、杜松子、丁香、红酒以及红酒醋，浸泡、腌渍约4个小时，备用。
2. 然后将大碗中腌好的材料以滤网过滤出汤汁，将牛肩肉块和其余蔬菜分开，备用。
3. 取锅，倒入过滤出的汤汁，将汤汁熬煮、浓缩至一半的分量时熄火，备用。
4. 将腌好的牛肩肉块蘸上一层薄薄的低筋面粉，备用。
5. 热锅，放入少许奶油加热至融化后，放入蘸有低筋面粉的牛肩肉块煎至上色，取出备用。
6. 另热锅，放入剩余奶油和所有腌渍过的蔬菜块，一同炒香后倒入熬煮后的汤汁、高汤以及已煎的牛肩肉块，转小火炖煮约40分钟至肉块软烂，再加入白糖和少许水淀粉拌匀即可。

匈牙利式卤牛肉

材料

牛肩肉	300克
盐	少许
胡椒粉	少许
大蒜	8瓣
洋葱	1个
西芹段	50克
胡萝卜块	80克
去皮西红柿	适量
月桂叶	2片
低筋面粉	适量
奶油	适量
香菜	适量

调料

匈牙利红椒粉	1小匙
盐	适量
胡椒粉	适量

做法

1. 牛肩肉洗净、切块，加入少许盐和胡椒粉抓匀后，蘸上一层薄薄的低筋面粉。
2. 热锅，放入少许奶油加热至融化后，放入蘸有低筋面粉的牛肩肉块煎至上色。
3. 洋葱去皮、切块；大蒜洗净切末，备用。
4. 另热锅，放入少许奶油加热至融化后，放入月桂叶、洋葱块、大蒜末、西芹段、胡萝卜块翻炒至洋葱块变软、稍微上色。
5. 再放入已煎的牛肩肉块略炒，接着放入匈牙利红椒粉翻炒均匀，最后放入去皮西红柿，以小火炖煮约40分钟至牛肩肉块软烂后，加入盐及胡椒粉调味，撒上香菜即可。

胡萝卜卤牛肉

材料

牛腱肉、胡萝卜各200克，去皮西红柿适量，洋葱1/2个，甜豆50克，牛高汤500毫升，蘑菇5朵，盐、胡椒粉、奶油各少许

调料

盐适量，胡椒粉少许

做法

1. 牛腱肉洗净、切块，加入少许盐和胡椒粉抓匀，备用；蘑菇洗净备用。
2. 胡萝卜、洋葱均洗净去皮、切块；甜豆洗净、去粗丝，备用。
3. 热锅，放入少许奶油加热至融化后，放入处理好的牛腱肉块略炒，再放入胡萝卜块、洋葱块和甜豆炒香。
4. 最后放入去皮西红柿、蘑菇和牛高汤，转小火炖卤约40分钟至牛腱肉块软烂、收汁后，加入所有调料拌匀即可。

土豆咖喱牛肉片

材料

土豆1个，胡萝卜1根，洋葱50克，牛肉片300克，咖喱块3小块，水适量，沸水少许

做法

1. 土豆、胡萝卜均洗净去皮、切块；洋葱洗净，去皮切片；牛肉片用沸水略冲，备用。
2. 将土豆块、胡萝卜块、洋葱片及牛肉片放入电锅内锅中，再放入适量水（需盖过食材），外锅倒入2杯水，然后盖上锅盖、按下蒸煮开关，待开关跳起后，将咖喱块以热水溶开，再倒入内锅中搅拌均匀。
3. 最后于外锅再倒入1/2杯水，盖上锅盖、按下蒸煮开关，煮至开关再次跳起即可。

红曲卤牛腱

材料

牛腱肉500克，白萝卜300克，色拉油1大匙，蒜末20克，姜末、葱段各10克，水200毫升

调料

红曲酱5大匙，盐1/2茶匙，白糖1茶匙，米酒50毫升

做法

1. 白萝卜与牛腱均洗净切小块，再放入沸水中汆烫约1分钟后，捞出沥干，备用。
2. 热炒锅，倒入色拉油，放入蒜末、姜末以小火爆香，再放入牛腱块及米酒转大火炒香。
3. 接着放入红曲酱炒香后，放入水、剩余调料、白萝卜块，煮开后盖上锅盖，转小火继续煮约1个小时至牛腱肉块软烂，最后放入葱段略煮即可。

酱油卤牛腱

材料

牛腱肉1000克，草果2颗，八角10克，桂皮8克，丁香、花椒粒各5克，小茴香、白蔻各3克，水1000毫升，葱30克，姜20克，色拉油4大匙

调料

酱油300毫升，白糖150克，米酒100毫升

做法

1. 牛腱肉洗净切片，煮一锅沸水，放入洗净的牛腱汆烫约3分钟后，捞出沥干，备用。
2. 草果洗净拍碎后，和八角、桂皮、丁香、花椒、小茴香、白蔻一起放入纱布袋中包好，制成卤包；葱、姜均洗净、拍松，备用。
3. 热锅，倒入色拉油，以中火爆香葱、姜，再放入水及所有调料、卤包，煮至沸腾后放入汆烫后的牛腱肉，待卤汁再次沸腾后转小火，盖上锅盖，保持沸腾状态约50分钟，最后打开锅盖继续炖卤至卤汁收至浓稠状即可。

辣卤牛腱

材料

牛腱肉　600克
辣味卤汁　1000毫升

做法

1. 先将牛腱肉去除筋膜后洗净，再放入沸水中汆烫去血水（可用筷子插入测试是否还有血水）。
2. 接着捞起、泡入冷水中，并用手略搓洗干净，备用。
3. 取深锅，倒入辣味卤汁、洗净的牛腱肉，盖上锅盖以小火煮约30分钟，待牛腱肉变软后，关火让牛腱肉泡在卤汁中1个小时，食用前再取出切片盛盘即可。

辣味卤汁

材料：葱20克，姜30克，红辣椒1个，色拉油2大匙

调料：辣椒粉5克，酱油100毫升，米酒20毫升，水500毫升

做法：
1. 葱、红辣椒均洗净、切段；姜洗净切片，备用。
2. 取锅，倒入2大匙油烧热后，放入葱段、红辣椒段、姜片炒香。
3. 另取深锅，放入所有调料和上一步炒香的材料，盖上锅盖，以小火煮至沸腾即可。

柱侯卤牛腱

材料

熟牛腱肉 400克
白萝卜 150克
葱 10克
姜末 1/2茶匙
蒜末 1/2茶匙
牛肉汤 1000毫升
水淀粉 2大匙
色拉油 1大匙

调料

柱侯酱 1茶匙
绍兴酒 1茶匙
白糖 1大匙
蚝油 1大匙
盐 1/4茶匙
香油 少许

做法

1. 白萝卜洗净去皮、切滚刀块后，放入沸水中汆烫至熟；熟牛腱肉切块；葱洗净切段，备用。
2. 热不锈钢锅，倒入色拉油，转小火炒香姜末、蒜末后，放入柱侯酱略炒，再放入熟牛腱肉块翻炒约2分钟。
3. 然后放入牛肉汤、绍兴酒、白糖，煮至沸腾后转小火保持微微沸腾状态约20分钟，再放入白萝卜块及蚝油、盐卤约15分钟。
4. 待锅内的汤汁略低于熟牛腱肉块和白萝卜块时，即以水淀粉勾芡，最后滴上香油、撒上葱段即可。

辣酱卤牛筋

材料

牛筋　　600克
辣酱卤汁　适量

做法

1. 牛筋洗净，备用。
2. 煮一锅沸水，放入洗净的牛筋煮约1个小时后，捞出冲冷水，变凉后切小段，备用。
3. 辣酱卤汁煮至沸腾后，放入牛筋段以微火卤约1.5个小时后熄火，再盖上锅盖闷约1个小时后取出即可。

辣酱卤汁

卤包材料： 草果1颗，八角5克，肉桂8克

卤汁材料： 姜末、蒜末各40克，色拉油2大匙，辣椒酱4大匙，白糖2大匙，米酒50毫升，水1000毫升

做法：
1. 草果洗净拍碎后，和其余卤包材料一起放入纱布袋包好，制成卤包，备用。
2. 热锅，倒入卤汁材料中的色拉油，再放入姜末、蒜末和辣椒酱，以小火炒约1分钟至有香味散出后，倒入米酒翻炒约1分钟，然后全部倒入汤锅中。
3. 于汤锅中再加入水、白糖及卤包，以大火煮至沸腾后，转小火保持沸腾状态5分钟至卤汁散发出香味即可。

韩式辣卤牛筋

材料

葱120克，土豆240克，色拉油少许，
煮软的牛筋400克，牛高汤2000毫升

调料

韩国辣椒酱、韩国豆瓣酱各2大匙，白糖1茶匙，
盐少许

做法

1. 葱洗净、切段；土豆洗净去皮、切块；煮软的牛筋切块，备用。
2. 起锅，倒入色拉油烧热后，放入葱段爆香，再放入土豆块一起翻炒。
3. 接着放入韩国辣椒酱、韩国豆瓣酱炒香后，放入牛筋块翻炒均匀。
4. 然后放入牛高汤以小火煮约30分钟，最后放入白糖、盐调味后续卤至收汁即可。

家常卤羊肉

材料

羊肉块600克，姜片20克，水800毫升，
草果2颗，桂皮10克，陈皮15克，色拉油2大匙

调料

米酒100毫升，酱油3大匙，辣豆瓣酱1大匙，
盐1/4小匙，白糖1小匙

做法

1. 羊肉块洗净，放入沸水中汆烫去血水后，捞出沥干，备用。
2. 热锅，倒入色拉油，放入姜片爆香，再放入汆烫后的羊肉块翻炒2分钟，接着放入辣豆瓣酱炒香后，放入米酒及酱油拌匀。
3. 然后放入草果、桂皮、陈皮及水煮沸后，转小火卤约1个小时。
4. 最后加入盐、白糖续煮至入味即可。

卤牛肚

材料

牛肚	1个
姜	10克
大蒜	3瓣
韭黄	120克
万用卤包	1包
陈皮	1块
水	900毫升
色拉油	1大匙

调料

米酒	2大匙
酱油	70 毫升
香油	1 大匙
冰糖	1大匙

做法

1. 牛肚洗净后，放入沸水中汆烫过水，备用。
2. 姜与大蒜洗净拍扁；韭黄洗净、切小段，放入沸水中汆烫熟过水后，捞起摆盘，备用。
3. 取锅，倒入色拉油烧热，放入姜与大蒜以中火爆香。
4. 再放入卤包、陈皮、水及所有调料，接着放入汆烫后的牛肚以大火煮沸，期间边煮边捞去浮渣。
5. 然后盖上锅盖，转中小火焖煮约50分钟至牛肚软烂后，捞出牛肚切成条状，并放入铺有韭黄段的盘中，最后均匀淋上卤汁即可。

香卤羊肉

材料

羊肉600克，葱20克，姜5片，大蒜10瓣，
卤羊肉卤包1包，水1500毫升，色拉油2小匙

调料

盐1小匙，米酒1大匙

做法

1. 将卤包放入水、米酒混匀的液体中浸泡20分钟，即成卤汁；葱洗净、切长段；大蒜洗净拍松；羊肉洗净、切块，备用。
2. 取锅，放入葱段、姜片、适量水煮沸，再放入羊肉块稍汆烫后取出，并放入冷水中泡凉后，捞出沥干，备用。
3. 热锅，倒入油，放入大蒜爆香，再将汆烫后的羊肉块、盐及卤汁倒入，煮沸后改小火再卤约90分钟至羊肉块熟透即可。

卤羊肉串

材料

羊肉片100克，葱段40克，高汤1000毫升，
姜片、胡萝卜片各100克，甘草、月桂叶各25克，
白萝卜片、豆腐卤各200克，八角6粒，
色拉油少许，桂皮、孜然、川芎、豆蔻各50克

调料

盐50克，冰糖100克，米酒600毫升，
白胡椒粒100克

做法

1. 羊肉片洗净、沥干、切薄片状，再以竹签串起，备用。
2. 葱段、姜片以热油爆香后挑去，锅中再放入除羊肉片外的其余材料及所有调料卤至沸腾后，转小火卤约90分钟，即成卤汁。
3. 取锅，取400毫升卤汁煮至沸腾后，放入羊肉串略汆烫约60秒，取出即可。

红酒卤羊肉

材料

带皮羊肉块 500克
洋葱片 80克
大蒜 15克
杏鲍菇块 150克
月桂叶 3片
水 800毫升
色拉油 2大匙
红酒 200毫升

调料

酱油 50毫升
盐 1/4小匙
鸡精 少许

做法

1. 带皮羊肉块洗净、沥干，再放入沸水中汆烫去除血水备用。
2. 热锅，倒入色拉油，放入洋葱片、大蒜、杏鲍菇块炒香后取出。
3. 原锅留少许油，放入带皮羊肉块和月桂叶炒香。
4. 再倒入红酒炒香后，放入所有调料炒匀，最后倒入水煮沸后，转小火卤约1个小时即可熄火，再闷约15分钟。

美味应用

羊肉一般需要烹调较长时间，肉质才会软烂入味，而用红酒卤羊肉可以加速羊肉软化的速度，还能让卤出来的羊肉吃起来别有风味。

荸荠卤羊肉

材料

羊肉	600克
荸荠	300克
陈皮	5克
姜片	10克
水	900毫升

调料

酱油	250毫升
米酒	3大匙
盐	少许

做法

1. 羊肉洗净切块，放入沸水中稍汆烫后，捞起沥干。
2. 荸荠去皮、洗净，备用。
3. 取电饭锅内锅，将汆烫后的羊肉块、洗净的荸荠、陈皮、姜片放入，再放入所有调料和水。
4. 于电饭锅外锅加入3杯水，按下蒸煮开关，煮至开关跳起后，再焖10分钟即可。

米兰式小羊膝

材料

小羊膝	1根
盐	少许
胡椒粉	少许
低筋面粉	少许
西芹末	60克
洋葱末	100克
胡萝卜末	60克
胡萝卜块	50克
甜豆	5个
去皮西红柿	适量
红酒	150毫升
奶油	50克
鸡汤	500毫升
迷迭香	适量
月桂叶	3片
干辣椒	1个

调料

盐	适量
胡椒粉	适量

做法

1. 小羊膝洗净，加入少许盐和胡椒粉抓匀，再均匀蘸上少许低筋面粉，备用。
2. 热锅，放入少许奶油加热至融化后，放入蘸有低筋面粉的小羊膝煎至上色，备用。
3. 另热锅，放入干辣椒、月桂叶以及洋葱末炒至洋葱末软化后，再放入剩余奶油、西芹末、胡萝卜末炒香。
4. 于锅中再倒入红酒，煮至汤汁略收后，放入去皮西红柿、迷迭香、鸡汤以及煎过的小羊膝、胡萝卜块、甜豆，以小火炖卤约40分钟至小羊膝软烂，最后加入所有调料拌匀即可。

法式羊肉砂锅

材料

羊肩肉	500克
盐	少许
胡椒粉	少许
低筋面粉	少许
西芹	150克
洋葱	150克
胡萝卜	200克
土豆	1个
猪骨高汤	1000毫升
百里香	适量
奶油	适量
香菜	适量

调料

盐	适量
胡椒粉	适量

做法

1. 羊肩肉洗净、切块，加入少许盐和胡椒粉抓匀，再均匀蘸上少许低筋面粉，备用。
2. 西芹洗净、切段；胡萝卜、洋葱、土豆均洗净、去皮、切块，备用。
3. 热锅，放入少许奶油加热至融化后，放入所有蔬菜块炒香，备用。
4. 另热锅，放入少许奶油加热至融化后，放入蘸有低筋面粉的羊肩肉块煎至上色，再放入猪骨高汤、炒香的蔬菜块以及百里香，以小火炖煮约40分钟至肉块软烂，最后加入所有调料拌匀，撒上香菜即可。

红烧羊肉炉

材料

羊腩肉	600克
白萝卜	1/2根
胡萝卜	1/2根
葱	20克
姜	75克
辣椒	3个
大蒜	8瓣
甘蔗头	120克
羊肉炉卤包	1包
香菜	少许
水	600毫升
色拉油	70毫升

调料

胡麻油	1大匙
酱油	1大匙
米酒	1大匙
黄豆酱	1小匙
黑豆酱	1小匙
冰糖	1大匙

做法

1. 白萝卜及胡萝卜洗净、去皮、切小块；葱洗净切10厘米长的小段；姜、辣椒均洗净切片，备用。
2. 羊腩肉洗净沥干后，剁成小块状，备用。
3. 取锅，倒入60毫升色拉油，将油温烧热至约120℃时，放入羊腩肉块炸约2分钟，再捞起沥油，备用。
4. 另起锅烧热后，倒入10毫升色拉油，再放入大蒜、葱段、姜片、辣椒片爆香，然后放入羊肉炉卤包及所有调料略翻炒，接着依序放入炸过的羊腩肉块、胡萝卜块、白萝卜块翻炒1分钟后，加入水及甘蔗头，盖上锅盖转小火焖煮约1.5个小时至羊腩肉块变软，最后撒上香菜即可。

羊肉炉卤包

材料： 甘草、丁香、八角各5克，陈皮、花椒各10克，罗汉果1/2颗，香叶5片

做法： 将所有材料放入纱布袋中绑紧，即为红烧羊肉炉卤包。

PART 3

鲜嫩多汁的鸡鸭卤味

鸡、鸭类食材，不论是鸡翅、鸡腿、鸡爪，还是鸭肉、鸭翅等，因其肉质较嫩，所以卤制时间不需太久，只要稍微烧煮入味就可以品尝了。特别是加了特殊配料的卤料，味道更加新颖独特，如酒香鸡腿，因加了茉莉花酒，尝起来别有一番风味。

美味应用

鸡腿要卤至入味又不腥，秘诀在于鸡腿要先以热水汆烫过，这样除了可以去除鸡肉的血水与杂质之外，还可以让鸡肉表面稍微熟化，从而保证炖卤过程中不易流失肉汁，并能充分入味。

家常卤鸡腿

材料

鸡腿	6只
卤汁	600毫升

做法

1. 鸡腿洗净，放入沸水中烫至表面变白后，取出冲水，并用手略搓洗干净，备用。
2. 取深锅，放入冲净的鸡腿和卤汁，煮至沸腾后，转小火续煮至鸡肉软烂入味即可。

卤汁

材料：葱20克，姜片3片，大蒜5瓣，红辣椒1个，水500毫升，色拉油2大匙，万用卤包1包

调料：酱油100毫升，冰糖2大匙，米酒30毫升

做法：
1. 葱洗净、切段；大蒜洗净拍破后去膜；红辣椒洗净、去蒂头、纵切成条状，备用。
2. 热锅，倒入油，放入葱段、姜片、大蒜、红辣椒条爆炒至微焦香后，放入万用卤包及所有调料炒香。
3. 然后全部移入深锅中，加入水煮至沸腾即可。

油鸡腿

材料

鸡腿　1只
广式卤汁　1200毫升

做法

1. 鸡腿洗净，放入沸水中汆烫至表面变白后冲水，沥干备用。
2. 取锅，倒入广式卤汁煮至沸腾后，放入洗净的鸡腿，转小火卤约10分钟后熄火，再浸泡20分钟捞起即可。

广式卤汁

卤包材料： 八角4粒，花椒粒、月桂叶、干草、桂枝、沙姜各5克，广皮、黄芪、肉桂各2.5克，草果5颗，罗汉果1/2颗

香辛料： 洋葱1个，葱20克，姜50克，大蒜10瓣，红辣椒3个，红葱头10克

其他调料： 高汤3000毫升

调料： 生抽300毫升，冰糖、沙茶酱各100克，糖色30克，老抽50毫升，米酒600毫升

做法： 1. 取锅，放入所有香辛料炒香后，备用。
2. 将所有卤包材料装入卤包袋中绑紧后，再放入锅中。
3. 接着将所有调料和高汤放入锅中，先以大火煮至沸腾，再转小火熬煮2～3个小时即可。

烧卤鸡块

材料

鸡腿　1只
胡萝卜　1/2根
鲜香菇　4朵
烧卤卤汁　300毫升
甜豆　适量
色拉油　1大匙

做法

1. 鸡腿洗净、切块；胡萝卜洗净、切滚刀块；鲜香菇洗净、对切，备用；甜豆洗净入沸水中汆烫至熟，取出，备用。
2. 热锅，倒入油，放入洗净的鸡腿块炒至上色后，再放入胡萝卜块、香菇块略翻炒。
3. 接着放入烧卤卤汁煮至沸腾后，转小火煮至汤汁略收，最后放入甜豆做装饰即可。

烧卤卤汁

材料：葱10克，水300毫升，色拉油2大匙

调料：酱油50毫升，蚝油、米酒各30毫升，白糖2大匙

做法：
1. 葱洗净切段，备用。
2. 热锅，倒入油，放入葱段爆炒至微焦香后，放入所有调料炒香。
3. 然后全部移入深锅中，加入水煮至沸腾即可。

香卤鸡腿

材料

鸡腿3只，姜、葱各10克，洋葱1/3个，红辣椒1个，色拉油1大匙，八角、丁香各2粒，甘草2片，水500毫升

调料

酱油40毫升，冰糖1大匙，香油1小匙，五香粉1小匙

做法

1. 将鸡腿洗净，再放入沸水中汆烫过水，沥干备用。
2. 姜洗净切片；葱洗净切段；洋葱洗净切成大片状；红辣椒洗净切段，备用。
3. 取汤锅，倒入色拉油烧热后，放入姜片、葱段、洋葱片、红辣椒段以中火爆香。
4. 再放入八角、丁香、甘草片、水、汆烫后的鸡腿及所有调料，盖上锅盖以小火卤约15分钟即可。

蜂蜜卤翅根

材料

鸡翅根600克，葱段10克，香橙片适量，蜂蜜2大匙，水700毫升，色拉油少许

调料

酱油60毫升，米酒3大匙

做法

1. 将香橙片与蜂蜜混合，备用。
2. 鸡翅根洗净、沥干后，放入热油中炸约2分钟后捞起沥油，备用。
3. 热锅，倒入色拉油，放入葱段爆香，再放入油炸后的鸡翅根及所有调料翻炒均匀，接着加入水煮沸后，转以小火卤20分钟，最后放入混合后的香橙片和蜂蜜续卤至入味即可。

仙草卤翅根

材料

鸡翅根	4只
葱	10克
姜	适量
辣椒	1个
仙草茶包	2包
色拉油	2大匙
水	适量

调料

酱油	3大匙
味啉	3大匙
米酒	2大匙
冰糖	1/2小匙

做法

1. 鸡翅根洗净后，放入沸水中略汆烫后捞出，再以清水冲洗干净，备用。
2. 葱洗净切段；姜、辣椒均洗净切片，备用。
3. 热锅，倒入色拉油，爆炒姜片、葱段和辣椒片后，放入所有调料和仙草茶包。
4. 再放入鸡翅根与水（水量需盖过材料）煮至沸腾后，盖上锅盖，转小火煮约15分钟，熄火闷5分钟即可。

烧卤鸡腿

材料

鸡腿	2只
香烧卤汁	适量

腌料

葱	20克
姜	30克
米酒	50毫升
水	150毫升
盐	1/4茶匙

做法

1. 鸡腿洗净；葱、姜洗净沥干后拍松，再加入其余腌料和洗净的鸡腿，用手抓匀后腌渍约2个小时，备用。
2. 取腌好的鸡腿沥干，备用。
3. 热锅加油，待油烧热至约160℃后放入鸡腿，以中火炸约5分钟至鸡腿表面呈金黄色后捞出，备用。
4. 将香烧卤汁煮至沸腾后，放入煎过的鸡腿，转小火保持卤汁微微沸腾状态约5分钟，熄火后盖上锅盖闷约30分钟，最后取出卤熟的鸡腿放凉即可。

香烧卤汁

卤包材料：草果1颗，八角3克，桂皮、甘草、小茴香各4克，花椒粒5克

卤汁材料：水1200毫升，绍兴酒200毫升，酱油400毫升，白糖100克，葱、姜各20克

做法：
1. 草果洗净拍碎后，和其余卤包材料一起放入纱布袋包好，制成卤包，备用。
2. 葱、姜洗净沥干后拍松，再放入汤锅中。
3. 于汤锅中再放入除葱、姜外的其余卤汁材料和卤包，煮至沸腾后转小火保持微微沸腾状态约5分钟，至卤汁散发出香味即可。

酒香鸡腿

材料

鸡腿　2只
酒香卤汁　1锅
茉莉花酒　少许

做法

1. 鸡腿洗净，放入沸水中汆烫去血水后沥干，备用。
2. 酒香卤汁煮至沸腾后，放入洗净的鸡腿和茉莉花酒，转小火让卤汁保持微微沸腾状态约10分钟，再熄火盖上锅盖闷约15分钟，最后取出卤熟的鸡腿即可。

酒香卤汁

卤包材料：草果1颗，八角、月桂叶各3克，桂皮、甘草各4克，沙姜6克

调料：水1200毫升，酱油500毫升，白糖100克，葱、姜各20克，茉莉花酒200毫升

做法：1. 草果拍碎后，和其余卤包材料一起放入卤包袋中装好，制成卤包，备用。
2. 葱、姜洗净拍松后，放入汤锅中。
3. 于汤锅中再加入水煮沸，然后放入除葱、姜外的其余调料（茉莉花酒除外）和卤包，煮沸后倒入茉莉花酒，转小火保持微微沸腾状态约5分钟至有香味散出即可。

香菇卤鸡肉

材料

熟鸡肉块600克，干香菇10朵，葱段20克，水800毫升，色拉油2大匙

调料

酱油4大匙，冰糖1小匙，盐1/4小匙，米酒1大匙

做法

1. 干香菇洗净后泡软，去除蒂，备用。
2. 热锅，倒入油，放入泡软的香菇、葱段爆香，再放入熟鸡肉块和所有调料炒香。
3. 接着倒入水煮沸，最后转小火卤约15分钟即可。

美味应用

用来卤的鸡肉，最好选用土鸡肉，因为土鸡肉耐煮，且肉质结实、甘甜；如果选用较便宜的肉鸡，炖煮出来的味道稍逊色。

蒜香卤鸡块

材料

鸡肉块300克，大蒜15瓣，菜豆100克，葱段10克

调料

盐2大匙，白糖1大匙，米酒3大匙，水800毫升

卤包

八角2粒，甘草3克，草果3颗，月桂叶2克

做法

1. 热锅放入油，放入大蒜爆香后，再放入洗净的鸡肉块，略炒。
2. 然后全部移入炖锅中，再放入所有调料及卤包，煮沸后转小火，盖上锅盖卤30分钟。
3. 接着将洗净的菜豆和葱段放入锅中，续卤15分钟即可。

土豆卤鸡块

材料

去骨鸡腿	1只
土豆块	250克
胡萝卜块	150克
洋葱块	100克
甜豆荚	30克
水	800毫升
色拉油	适量

调料

酱油	70毫升
味啉	40毫升
米酒	50毫升

做法

1. 去骨鸡腿洗净后切块；甜豆荚去头尾后，放入沸水中稍汆烫，再捞出沥干，备用。
2. 热锅，倒入色拉油，放入洗净的鸡腿肉块煎至上色。
3. 再放入所有调料及水煮沸，接着放入土豆块、胡萝卜块及洋葱块煮沸后，转小火卤约30分钟。
4. 最后放入汆烫后的甜豆荚煮约30秒即可。

野菇烧卤鸡块

材料

鸡腿 1只
苹果 1个
鲜香菇 4朵
白玉菇 50克
葱 10克
白果 50克
红辣椒 1个
大蒜 5瓣
色拉油 1大匙
水 500毫升
青蒜叶 适量

调料

酱油 100毫升
蚝油 30毫升
白糖 2大匙
米酒 30毫升

做法

1. 鸡腿洗净后切块；苹果洗净后切滚刀块；鲜香菇洗净后对切；葱洗净后切段，备用；大蒜洗净备用。
2. 热锅，倒入油，放入葱段、红辣椒和大蒜炒香，再放入鸡腿块炒至上色。
3. 接着放入水、苹果块、鲜香菇块、白玉菇、白果及所有调料煮至沸腾后，转小火卤至汤汁略收，撒上青蒜叶即可。

栗子卤鸡块

材料

鸡腿肉块　400克
干板栗肉　100克
香菇　12朵
大蒜　15克
红辣椒片　10克
水　800毫升
色拉油　2大匙
青蒜叶　适量

调料

酱油　60毫升
白糖　1/2小匙
米酒　1大匙
盐　少许

做法

1. 鸡腿肉块洗净沥干；香菇洗净泡软，备用。
2. 干板栗泡水约6个小时后，捞出以牙签挑去多余的细壳，再沥干。
3. 将处理好的板栗肉放入热油中炸至上色后捞起，备用。
4. 热锅，倒入色拉油，放入大蒜、红辣椒片炒香后，放入泡软的香菇、鸡腿肉块炒至微焦香。
5. 接着放入油炸后的板栗肉及所有调料炒匀，最后加入水煮沸后，转小火卤约40分钟，撒上青蒜叶即可。

红曲卤鸡肉

材料

鸡肉300克，红甜椒、黄甜椒各1/2个，蘑菇4朵，葱10克，大蒜5瓣，水500毫升，色拉油1大匙

调料

酱油100毫升，蚝油30毫升，白糖2大匙，米酒30毫升，红曲酱1.5大匙

做法

1. 鸡肉洗净后切块；红甜椒、黄甜椒均洗净后切块；蘑菇洗净后对切；葱洗净后切段，备用。
2. 热锅，倒入油，放入葱段和大蒜炒香后，再放入鸡肉块炒至上色。
3. 接着放入水、红甜椒块、黄甜椒块、蘑菇块及所有调料煮至沸腾后，转小火卤至汤汁略收即可。

辣味腐乳鸡

材料

鸡翅300克，洋葱块、上海青各30克，葱段10克，色拉油、水各适量，高汤500毫升

调料

辣豆腐乳3大匙，白糖1/2大匙

做法

1. 鸡翅切大块后，放入沸水中汆烫去血水，再捞起冲净，备用。
2. 取锅，倒入油，放入洋葱块和葱段炒香后，全部移入炖锅中，再于炖锅中放入汆烫后的鸡翅块、水、高汤及所有调料，以小火炖约10分钟。
3. 最后将洗净的上海青放入炖锅内，盖上锅盖焖约1分钟即可。

酸奶咖喱卤鸡块

材料

去骨鸡腿肉	350克
盐	少许
胡椒粉	少许
杏鲍菇	1朵
土豆	1个
胡萝卜	1/2根
洋葱	1/2个
蟹味菇	1包
咖喱粉	40克
原味酸奶	1小盒
高汤	300毫升
奶油	适量

调料

盐	适量
胡椒粉	少许

做法

1. 去骨鸡腿肉洗净切大丁，再加入少许盐和胡椒粉抓匀，备用。
2. 热锅，放入少许奶油加热融化后，放入去骨鸡腿肉丁煎至上色。
3. 土豆、胡萝卜、洋葱均洗净去皮后切大丁；蟹味菇、杏鲍菇洗净切大丁，备用。
4. 另热锅，放入少许奶油加热融化后，放入洋葱丁炒至软化，再放入土豆丁、胡萝卜丁、杏鲍菇丁及蟹味菇炒香。
5. 接着放入咖喱粉略炒后，放入高汤和煎至上色的鸡腿肉丁，盖上锅盖，转小火卤约30分钟至肉丁软烂后，放入原味酸奶续卤约2分钟，最后放入所有调料拌匀即可。

茄汁卤鸡块

材料

鸡胸肉500克，黄甜椒块10克，洋葱块80克，大蒜3瓣，西红柿丁250克，色拉油2大匙

腌料

姜片3片，葱末10克，酱油30毫升，白糖20克，白胡椒3克，米酒20毫升，面粉50克

卤汁材料

番茄酱200克，黑胡椒酱、白糖各20克，白醋20毫升，盐5克，高汤150毫升

做法

1. 鸡胸肉洗净后切块；大蒜洗净切片，备用。
2. 将鸡胸肉块放入混匀的腌料中腌渍30分钟后，取出入热油中炸至上色后捞起。
3. 取锅，倒入油烧热后，放入洋葱块和蒜片炒香，再放入西红柿丁炒匀。
4. 接着将炸过的鸡胸肉块和所有卤汁材料放入锅中，翻炒均匀后，转小火卤至汤汁略收，最后放入黄甜椒块炒熟即可。

甜酱油卤鸡块

材料

鸡肉块400克，胡萝卜100克，洋葱80克，芹菜30克，水300毫升，蒜末1大匙，淀粉1大匙，姜片3片，色拉油适量

调料

甜酱油、酱油各2大匙，米酒3大匙

做法

1. 鸡肉块冲水洗净后，加入淀粉拌匀，再放入热油中炸至表面脆香时，捞起沥油。
2. 胡萝卜洗净后切丁；洋葱洗净后切片；芹菜洗净后切片，备用。
3. 取锅，倒入油烧热后，放入蒜末爆香，再放入炸过的鸡肉块和所有调料卤10分钟。
4. 最后放入胡萝卜丁、洋葱片、芹菜片、姜片和水卤5分钟即可。

咖喱卤鸡块

材料

鸡腿	360克
洋葱	30克
胡萝卜	30克
大蒜	6瓣
咖喱卤汁	适量
色拉油	1大匙

做法

1. 鸡腿洗净后剁块，再放入沸水稍汆烫后捞起，备用。
2. 洋葱、胡萝卜洗净均去皮后切块，备用。
3. 热锅，倒入色拉油，再放入洋葱块、胡萝卜块、大蒜炒香。
4. 接着放入咖喱卤汁煮沸，最后放入汆烫后的鸡腿块，转小火，盖上锅盖焖卤25分钟即可。

咖喱卤汁

材料： 高汤500毫升

调料： 咖喱粉2大匙，椰奶2大匙，盐1/2小匙，白糖1大匙

做法： 1. 起锅，放入咖喱粉炒香后，倒入高汤煮沸。
2. 再放入椰奶、盐和白糖煮匀即可。

红咖喱卤鸡腿肉

材料

去骨鸡腿肉 300克
盐 少许
胡椒粉 少许
洋葱 1/2个
西葫芦 1/2条
蟹味菇 1盒
柠檬香茅 适量
红咖喱 适量
高汤 200毫升
椰奶 60毫升
奶油 适量

调料

盐 适量
胡椒粉 适量

做法

1. 去骨鸡腿肉切大丁，再加入少许盐和胡椒粉抓匀，备用。
2. 洋葱洗净去皮后切末；西葫芦洗净切片；柠檬香茅洗净切末，备用；蟹味菇洗净备用。
3. 热锅，放入少许奶油加热融化后，放入洋葱末炒至软化，再放入红咖喱、柠檬香茅末炒香，接着放入蟹味菇、西葫芦片、抓匀的去骨鸡腿肉丁略炒。
4. 最后将高汤倒入锅中，转小火续卤约20分钟至肉丁软烂后，放入椰奶和所有调料拌匀即可。

辣味椰汁鸡

材料

去骨鸡腿肉	300克
盐	少许
胡椒粉	少许
红辣椒	1个
葱	10克
柠檬	1个
鸡高汤	200毫升
椰奶	30毫升
奶油	适量

调料

沙茶酱	3大匙
盐	适量
胡椒粉	适量

做法

1. 去骨鸡腿肉洗净切块，再加入少许盐和胡椒粉抓匀，备用。
2. 热锅，放入少许奶油加热融化后，放入抓匀后的去骨鸡腿肉块煎至上色。
3. 红辣椒、葱均洗净切片；柠檬洗净，撕下柠檬皮后，再取柠檬汁，备用。
4. 另热锅，放入少许奶油加热融化后，放入红辣椒片、葱片炒香，再放入煎至上色的鸡腿肉块略炒。
5. 接着放入沙茶酱炒香，最后放入鸡高汤、柠檬汁、柠檬皮、椰奶，盖上锅盖，转小火续卤约20分钟，最后放入适量盐、胡椒粉拌匀即可。

彩椒洋葱卤鸡块

材料

去骨鸡腿肉块	300克
洋葱	1/2个
红甜椒	1/2个
黄甜椒	1/2个
黑橄榄	3颗
绿橄榄	3颗
高汤	500毫升
奶油	适量

调料

盐	少许
胡椒粉	少许
意大利综合香料	适量

做法

1. 将去骨鸡腿肉块加入少许盐和胡椒粉抓匀，备用。
2. 热锅，放入少许奶油加热融化后，放入去骨鸡腿肉块煎至两面上色，再取出切块，备用。
3. 红甜椒、黄甜椒均洗净，去籽，切条；洋葱洗净去皮后切丝；黑橄榄、绿橄榄均洗净去皮切片，备用。
4. 另热锅，放入少许奶油加热融化后，放入洋葱丝炒软，再放入红甜椒条、黄甜椒条炒香，然后放入黑橄榄片、绿橄榄片、高汤以及意大利综合香料煮沸。
5. 最后放入煎至上色的鸡腿肉块，转小火卤约30分钟至肉块软烂即可。

普罗旺斯卤鸡肉

材料

去骨鸡腿肉块	300克
西红柿	200克
茄子	200克
红甜椒	100克
黄甜椒	100克
西葫芦	200克
洋葱	200克
水	适量
奶油	适量

调料

盐	少许
胡椒粉	少许
普罗旺斯香料	适量
番茄糊	50克

做法

1. 去骨鸡腿肉块洗净后，加入少许盐和胡椒粉抓匀。
2. 热锅，放入少许奶油加热融化后，放入抓匀的去骨鸡腿肉块煎至两面上色，再捞出切块，备用。
3. 西红柿、茄子、西葫芦均洗净后切大丁；红甜椒、黄甜椒均洗净去籽后切大丁；洋葱洗净去皮后切大丁，备用。
4. 热平底锅，放入少许奶油加热融化后，依序放入普罗旺斯香料、洋葱丁、西葫芦丁、红甜椒丁、黄甜椒丁、西红柿丁、茄子丁炒香，再放入番茄糊、水（水量需盖过所有材料）。
5. 最后放入煎至上色的鸡腿肉块，转小火卤约30分钟至肉块软烂即可。

咖喱卤鸡肉

材料

鸡腿肉	400克
色拉油	1.5大匙
月桂叶	1片
洋葱	120克
蒜末	15克
西芹末	40克
鸡高汤	1000毫升
青甜椒	1/2个
红甜椒	1/2个
香菜	适量

调料

番茄酱	25克
白酒	50毫升
咖喱粉	1.5大匙
姜黄粉	1茶匙
红椒粉	1/4茶匙
芥末粉	1茶匙
黑胡椒粉	适量
白糖	适量
盐	适量
披萨草	1/4茶匙

做法

1. 洋葱、青甜椒、红甜椒均洗净切小丁；鸡腿肉去骨后洗净切大块，备用。
2. 热锅，倒入色拉油，放入月桂叶、洋葱丁、蒜末、西芹末炒香，再放入鸡腿肉块翻炒3～5分钟至肉块表面呈金黄色。
3. 然后将除番茄酱、白酒外的所有调料放入锅中，继续翻炒至有香味散出后，放入番茄酱、鸡高汤卤约8分钟，最后放入白酒、青甜椒丁、红甜椒丁续卤约5分钟，撒上香菜即可。

意式蘑菇卤鸡肉

材料

去骨鸡腿肉块　300克
盐　少许
胡椒粉　少许
洋葱　1/2个
蘑菇　200克
黑橄榄　5颗
高汤　500毫升
奶油　适量

调料

番茄酱　50克
盐　适量
胡椒粉　适量

做法

1. 去骨鸡腿肉块洗净后，加入少许盐和胡椒粉抓匀，备用。
2. 热锅，放入少许奶油加热融化后，放入抓匀后的去骨鸡腿肉块煎至两面上色，再取出切块，备用。
3. 洋葱洗净后去皮切丁；蘑菇洗净后切厚片，备用。
4. 热锅，放入少许奶油加热融化后，放入洋葱丁炒至软化，再放入蘑菇片炒香。
5. 接着放入黑橄榄、番茄酱、高汤，煮至沸腾后，放入已煎至上色的鸡腿肉块，转小火卤约30分钟至肉块软烂后，放入剩余调料拌匀即可。

奶油洋芋鸡

材料

去骨鸡腿肉块	300克
鸡胸肉块	150克
土豆	2个
洋葱	1/2个
香菇	3朵
鲜奶油	300克
高汤	100毫升
月桂叶	3片
奶油	适量
色拉油	适量

调料

盐	适量
胡椒粉	少许

做法

1. 去骨鸡腿肉块、鸡胸肉块洗净，备用。热锅，放入少许奶油加热融化后，依序放入去骨鸡腿肉块和鸡胸肉块煎至两面上色，再取出切块，备用。
2. 土豆洗净去皮后切块；香菇洗净切片；洋葱洗净去皮后切片，备用。
3. 热锅加油烧热后，放入月桂叶、洋葱片、香菇片炒香，再放入鲜奶油和高汤稍煮后，放入已煎至上色的鸡腿肉块、鸡胸肉块以及土豆块，盖上锅盖，转小火卤约30分钟至所有食材变软，最后放入所有调料拌匀即可。

海南鸡

材料

去骨鸡腿	600克
葱丝	少许
红辣椒	1个
圆白菜丝	适量
新鲜香茅	适量
丁香	2粒
八角	1粒
水	600毫升

调料

米酒	100毫升
盐	少许
白胡椒粉	少许
鱼露	2大匙

做法

1. 将去骨鸡腿放入沸水中汆烫去血水后捞出；红辣椒洗净切丝，备用。
2. 将新鲜香茅、丁香、八角、水及所有调料混合煮沸后，放入汆烫后的去骨鸡腿煮15分钟，再关火闷25分钟，最后滤出汤汁。
3. 将煮好的鸡腿捞出切片后，摆在铺有圆白菜丝的盘上，再淋入少许汤汁。
4. 最后摆上葱丝与红辣椒丝做装饰即可。

美味应用

海南鸡是海南的特色菜肴，带有香茅鱼露的特殊香气。海南鸡要做得又香又嫩，可不要把鸡肉浸在酱汁里煮至全熟，应关火用余温泡熟，这样鸡肉的嫩度才会刚刚好。

花雕鸡

材料

土鸡	1/2只
红葱头	50克
黑木耳	50克
大蒜	5瓣
干辣椒	5个
芹菜	30克
洋葱	30克
葱段	30克
色拉油	2大匙
水	适量

腌料

花雕酒	3大匙
酱油	2茶匙
盐	1/4茶匙
白糖	1/4茶匙
淀粉	1茶匙

调料

辣豆瓣酱	1大匙
蚝油	1大匙
花雕酒	4大匙
麻酱	1/2茶匙
白糖	1茶匙
鸡精	1茶匙

做法

1. 土鸡处理好后切小块，再加入所有腌料拌匀后腌渍约1个小时，备用。
2. 红葱头及大蒜均洗净切片；干辣椒洗净切小段；洋葱洗净切小块；芹菜洗净切段；黑木耳洗净切小片。
3. 热锅，倒入色拉油，放入腌好的鸡块煎至两面金黄后盛出，备用。
4. 锅中留少许油，放入蒜片、红葱头片、干辣椒段、洋葱块，以小火炸至蒜片呈金黄色时，放入煎过的鸡块、水及所有调料（花雕酒只取3大匙）炒匀，盖上锅盖，转小火焖煮约15分钟。
5. 再打开锅盖放入芹菜段、黑木耳片、葱段翻炒1分钟，最后淋入1大匙花雕酒炒匀，即可盛盘。

葱油鸡

材料

土鸡腿	1只
葱丝	30克
姜丝	20克
红辣椒丝	少许
温开水	3大匙
热油	2大匙

调料

盐	1.5茶匙
白糖	1/4茶匙
蚝油	1茶匙

做法

1. 将鸡腿放入沸水中稍汆烫后，捞出洗净，备用。
2. 煮一锅水，放入鸡腿煮至沸腾后，转小火泡煮约15分钟，再盖上锅盖焖约10分钟，然后取出鸡腿，泡入冰水中至完全变凉后，取出切块盛盘，备用。
3. 葱丝、姜丝、红辣椒丝混合拌匀，备用。
4. 将温开水及所有调料混合拌匀后，淋入泡凉后的鸡腿上再倒出，如此重复数次。
5. 最后于鸡腿块上摆入混合后的葱丝、姜丝、红辣椒丝，再淋上热油即可。

美味应用

可以买生鸡自己回家处理，能节省成本。煮完后的汤汁别倒掉，这可是鲜美的鸡汤，可以拿来煮汤、做菜、调味，既实用又美味。

口水鸡

材料

大鸡腿	1只
熟白芝麻	1茶匙
蒜味花生仁	1茶匙
香菜叶	少许
姜末	1/2茶匙
蒜末	1/2茶匙
葱花	1/2茶匙
凉开水	3大匙

调料

辣豆瓣酱	1茶匙
蚝油	1茶匙
白醋	1茶匙
芝麻酱	1/2茶匙
花生酱	1/2茶匙
白糖	1/2茶匙
辣油	适量
花椒粉	适量

做法

1. 大鸡腿洗净，再放入沸水中以小火煮约20分钟后，捞出放凉，备用。
2. 蒜味花生仁碾成碎粒状，备用。
3. 将所有调料拌匀后，再加入凉开水、姜末、蒜末、葱花拌匀，即为口水鸡酱，备用。
4. 将煮熟后的鸡腿切块盛盘，再淋上口水鸡酱，最后撒上蒜味花生粒、熟白芝麻、香菜叶即可。

绍兴醉鸡

材料

土鸡腿	550克
铝箔纸	1张
当归	3克
枸杞子	5克

调料

绍兴酒	300毫升
水	200毫升
盐	1/2小匙
鸡精	1小匙

做法

1. 土鸡腿去骨后，在其内侧均匀撒上少许盐，再用铝箔纸卷成圆筒状，开口卷紧，备用。
2. 然后将鸡腿卷放入电饭锅内锅中，外锅倒入1.5杯水，盖上锅盖，按下蒸煮开关，蒸至开关跳起后，取出放凉，备用。
3. 当归洗净切小片，与枸杞子及所有调料一同煮沸约1分钟后熄火，即成汤汁。
4. 将放凉后的鸡腿卷撕去铝箔纸后，再浸泡于放凉后的汤汁中，冷藏一晚后取出切片即可。

白斩鸡

材料

土鸡　1只
姜片　3片
葱段　10克

调料

米酒　1大匙

酱料

鸡汤　150毫升
素蚝油　50毫升
酱油　少许
白糖　少许
香油　少许
蒜末　少许
红辣椒末　少许

做法

1. 土鸡处理干净后，放入沸水中稍汆烫，再捞出沥干，备用。
2. 将汆烫后的土鸡放入装有冰块的盆中，冰至整只鸡外皮完全冷却后，取出放入锅中，再放入米酒、姜片及葱段，以中火煮约15分钟后熄火，盖上锅盖续闷约30分钟。
3. 将150毫升鸡汤加入其余酱料调匀，即为白斩鸡酱。
4. 将闷熟的鸡肉取出，待凉后切块盛盘，食用时搭配白斩鸡酱即可。

文昌鸡

材料

熟白斩鸡	600克
葱	30克
姜	30克
大蒜	30克
辣椒	20克
香菜	10克
水	200毫升

调料

盐	1小匙
鸡精	1小匙
白糖	1小匙
白醋	1大匙
香油	2大匙

做法

1. 将熟白斩鸡切成小块状后摆盘，备用。
2. 葱、姜、大蒜、辣椒、香菜均洗净后切末，与水和所有调料一起煮匀后，即为文昌酱。
3. 最后将文昌酱趁热淋在熟白斩鸡块上略泡即可。

美味应用

若将整只鸡放入沸水中汆烫，不容易掌握其熟度，建议从市场买熟的白斩鸡回家直接切好摆盘，再淋上调好的酱汁即可。不论是热着吃还是冷着吃，都一样美味。

蚝油杏鲍菇卤鸡翅

材料

鸡翅	200克
杏鲍菇	100克
大蒜	4瓣
红辣椒片	10克
葱段	10克
水	500毫升
色拉油	适量

调料

蚝油	1大匙
酱油	1大匙
白糖	1小匙
米酒	2大匙

卤包

花椒粒	3克
草果	3颗
月桂叶	2克

做法

1. 鸡翅洗净后切两段；杏鲍菇洗净切块，再放入热油中炸香后捞起，备用。
2. 热锅加油，放入大蒜、红辣椒片和葱段炒香，再放入鸡翅翻炒均匀，接着放入水及所有调料。
3. 最后放入卤包和炸香的杏鲍菇块，以大火煮沸后转小火，再盖上锅盖卤30分钟即可（盛盘时可另加入西蓝花做装饰）。

蜜汁卤鸡翅

材料

鸡翅	8只
麦芽糖	100克
热水	50毫升
葱段	30克
姜片	20克
水	1600毫升
陈皮	5克
草果	2颗
八角	15克
花椒	5克
桂皮	8克
沙姜	15克
丁香	5克
小茴香	3克
甘草	5克
月桂叶	5克
色拉油	适量

调料

酱油	600毫升
白糖	120克
米酒	100毫升

做法

1. 鸡翅洗净，再放入沸水中汆烫1分钟后，捞出冲冷水至凉后沥干，备用。
2. 麦芽糖加热水稀释，备用。
3. 取锅，倒入油烧热后，放入葱段、姜片爆香，再放入陈皮、草果、八角、花椒粒、桂皮、沙姜、丁香、小茴香、甘草、月桂叶炒至焦香，接着放入水及所有调料煮沸后，转小火续煮约40分钟，最后过滤取卤汁。
4. 将上一步做好的卤汁煮沸后放入鸡翅，再转小火保持沸腾状态约5分钟后，关火浸泡20分钟，然后捞出卤好的鸡翅盛盘。
5. 最后刷上稀释后的麦芽糖水即可。

南瓜卤鸡翅

材料

南瓜250克，鸡翅7只，姜、葱各10克，奶油20克，水800毫升

调料

白胡椒粉少许，鸡精1小匙，酱油50毫升，白糖2大匙

做法

1. 先将南瓜洗净，再削去外皮后切成大块状，备用。
2. 将鸡翅洗净后，放入沸水中略汆烫，再捞起沥干，备用。
3. 姜洗净切片；葱洗净切段，备用。
4. 取汤锅，放入南瓜块、汆烫后的鸡翅、姜片、葱段、奶油、水及所有调料，以小火卤约25分钟即可。

木瓜卤鸡翅

材料

鸡翅600克，青木瓜1/2个，姜片15克，水800毫升，色拉油2大匙

调料

酱油50毫升，白糖1小匙，盐少许，米酒2大匙

做法

1. 鸡翅洗净后放入沸水中稍汆烫，再捞起冲冷水，备用。
2. 青木瓜洗净，去皮、去籽后切块。
3. 热锅，倒入色拉油，放入姜片爆香后，放入汆烫后的鸡翅稍翻炒，再放入所有调料炒匀，接着加入水煮沸。
4. 最后放入青木瓜块，再次煮至沸腾后转小火卤约30分钟即可。

青葱烧卤鸡翅

材料

鸡翅	6只
洋葱块	120克
葱段	20克
大蒜	6瓣
姜片	4片
西蓝花	适量
胡萝卜片	适量
水	500毫升
水淀粉	适量
色拉油	1大匙

调料

酱油	100毫升
冰糖	2大匙
香油	少许
米酒	50毫升

做法

1. 鸡翅洗净后沥干；西蓝花洗净切小朵，与洗净的胡萝卜片分别入沸水中烫熟后，捞出沥干，备用。
2. 取容器，放入鸡翅和酱油，泡至鸡翅上色后再腌15分钟，备用。
3. 将腌好的鸡翅放入180℃的油中，以中火炸至鸡翅外观呈金黄色后，取出沥油，备用。
4. 另取锅烧热，倒入油，放入洋葱块炒香后，放入葱段、大蒜和姜片稍翻炒，再放入水、酱油和冰糖拌匀后，放入炸过的鸡翅焖煮30分钟。
5. 接着倒入水淀粉勾芡，淋入香油和米酒拌匀，再转小火续煮至汤汁略收干后盛盘，最后放入烫熟的西蓝花和胡萝卜片即可。

苹果咖喱卤鸡翅

材料

鸡翅	6只
苹果	1/2个
咖喱粉	1大匙
小茴香	15克
桂枝	15克
花椒粒	15克
八角	3粒
大蒜	10瓣
色拉油	2小匙
水	1000毫升

调料

酱油	1/2小匙
盐	1/2小匙
白糖	1/2小匙

做法

1. 鸡翅洗净，备用。
2. 将小茴香、桂枝、花椒粒、八角装入卤包袋中，再用棉线捆紧，即为卤包。
3. 将卤包放入汤锅中，再放入水中浸泡；苹果洗净切丁；大蒜洗净拍松，备用。
4. 另取锅烧热，倒入油，再放入拍松的大蒜炒香，接着放入苹果丁、咖喱粉一起炒匀，然后全部倒入泡有卤包的汤锅中，开火煮沸后即为苹果咖喱卤汁。
5. 最后放入鸡翅及所有调料，转小火卤约15分钟后熄火，再闷15分钟至鸡翅入味即可。

蔗香鸡爪

材料

鸡爪	600克
甘蔗	150克
八角	3粒
胡椒粒	少许
草果	2颗
水	1100毫升
色拉油	2大匙

调料

酱油	80毫升
冰糖	少许

做法

1. 鸡爪洗净后，放入沸水中汆烫3分钟后捞出冲冷水，再剪去趾甲；甘蔗洗净后切小块，备用。
2. 热锅，倒入色拉油，放入甘蔗块炒香后，放入八角、胡椒粒和草果炒香。
3. 再放入所有调料和处理好的鸡爪、水煮沸，最后转小火卤约20分钟后熄火，泡至鸡爪入味即可。

药膳鸡爪

材料

药膳卤汁　1500毫升

鸡爪　10只

做法

1. 鸡爪去趾甲后，放入沸水中汆烫去脏，再捞起沥干。
2. 将药膳卤汁煮至沸腾后，放入汆烫后的鸡爪，转小火煮约12分钟，再熄火浸泡10分钟即可。

药膳卤汁

卤包材料： 黄芪、桂皮各10克，当归8克，川芎、熟地、陈皮各5克，甘草15克

卤汁材料： 姜20克，水1500毫升，酱油200毫升，盐1茶匙，白糖50克，绍兴酒100毫升

做法： 1. 将所有卤包材料装入卤包袋中绑紧，制成卤包，备用；姜洗净拍松后，放入汤锅中，再倒入水煮至沸腾后倒入酱油。

2. 待再次沸腾时，放入白糖、盐及卤包，转小火煮至沸腾后，继续煮约5分钟至有香味散出来，最后倒入绍兴酒拌匀即可。

鸡爪冻

材料

鸡爪　　　600克
冰镇卤汁　2000毫升
香油　　　2大匙

美味应用

鸡爪上的趾甲需要先剪掉或剁掉，否则其藏有的脏污与异味，会破坏鸡爪冻的好味道，就算烹调前彻底清洗干净，趾甲也并非适合食用，留着不但吃着麻烦，看起来也不赏心悦目。

做法

1. 鸡爪洗净，剁去趾甲部分。
2. 取深锅，倒入约1/2锅的水量煮至沸腾后，将处理好的鸡爪放入汆烫约1分钟，去除血水后捞起。
3. 将汆烫后的鸡爪放入冷水中泡凉后，捞起沥干。
4. 另取深锅，倒入冰镇卤汁以大火煮至沸腾。
5. 再放入泡凉后的鸡爪，转小火保持沸腾状态约5分钟后熄火。
6. 接着盖上锅盖浸泡约10分钟至入味。
7. 然后将卤好的鸡爪捞出，放在平底深盘中，均匀刷上薄薄一层香油。
8. 待凉后，放入保鲜盒中，并盖好盖子，最后放入冰箱冷藏至冰凉即可。

冰镇卤汁

卤包材料：草果2颗，豆蔻、丁香各2克，沙姜10克，小茴香3克，花椒粒4克，甘草、八角各5克

卤汁材料：葱20克，姜50克，大蒜40克，水3000毫升，酱油800毫升，白糖200克，米酒50毫升

做法：
1. 葱洗净，切段后以刀拍扁；姜洗净，再去皮切片后拍扁；大蒜洗净，去皮后拍扁，备用。热锅，倒入约3大匙色拉油烧热后，放入葱段、姜、大蒜以小火爆香。
2. 再向锅中倒入3000毫升水，转大火续煮。
3. 然后将除酱油外的其他卤汁材料与卤包（将草果及豆蔻拍碎后，与其他卤包材料一起放入卤包袋中包好，即成卤包）一同放入锅中。
4. 最后倒入酱油，以大火煮至沸腾后，转小火保持沸腾状态约10分钟，至有香味散发出来即可。

卤鸡胗

材料

鸡胗 30个
潮式卤汁 2000毫升

调料

香油 1大匙

做法

1. 鸡胗以刀划开后用手剥开，再撕去中间黄色膜后洗净，然后放入沸水中汆烫约1分钟后，捞出冲冷水至凉，沥干备用。
2. 将潮式卤汁倒入锅中，开大火煮沸后，放入处理好的鸡胗，转小火保持沸腾状态约20分钟后熄火，再加盖浸泡约20分钟。
3. 最后捞出鸡胗均匀刷上香油，放凉后放入保鲜盒中，盖好盖子后放入冰箱冷藏至冰凉即可。

潮式卤汁

卤包材料： 草果2颗，八角10克，桂皮、陈皮各8克，沙姜15克，丁香、花椒粒各5克，小茴香、月桂叶各3克，罗汉果1/4颗，香菜茎20克

卤汁材料： 葱30克，姜、香菜茎、大蒜各20克，水1600毫升，酱油400毫升，蚝油、米酒各100毫升，白糖120克，盐1大匙

做法：
1. 将所有卤包材料装入卤包袋中绑紧，即为潮式卤汁卤包。
2. 取汤锅，将葱及姜洗净拍松后放入汤锅中，再放入水，开中火煮至沸腾。
3. 然后将酱油、蚝油及米酒放入一起煮，再次煮沸后放入白糖、香菜茎、大蒜、盐及潮式卤汁卤包，转小火保持沸腾状态约5分钟至有香味散出即可。

蒜油鸡胗

材料

鸡胗　250克
白卤汁　1小锅
豆干丁　80克
大蒜　5瓣
红辣椒末　1/2茶匙
香菜末　1大匙
色拉油　适量

调料

盐　1/2茶匙
白糖　1/2茶匙
胡椒粉　1/2茶匙
香油　2大匙

做法

1. 将大蒜洗净剁成蒜泥，备用。
2. 鸡胗处理干净再洗净后，放入沸水中稍汆烫，再捞出沥干。
3. 白卤汁煮沸后，放入汆烫后的鸡胗，转小火煮10分钟后，放入豆干丁稍煮，再熄火泡10分钟后捞出鸡胗切片。
4. 蒜泥置碗底，再烧适量热油冲入碗内拌匀。
5. 然后将鸡胗片和豆干丁一同放入蒜泥碗中，再依序放入盐、白糖、香油。
6. 最后放入香菜末、红辣椒末、胡椒粉拌匀即可。

白卤汁

材料： 草果2颗，白豆蔻、沙姜各15克，八角10克，陈皮、丁香、花椒粒、甘草、月桂叶各5克，桂皮8克，小茴香3克，葱30克，姜20克，水1600毫升，色拉油适量

调料： 白酱油300毫升，盐1大匙，白糖120克，料酒100毫升

做法：

1. 葱洗净后切段；姜洗净后拍扁。
2. 取锅，倒入油烧热后，放入葱段、姜爆香。
3. 再全部移入一汤锅中，然后放入除葱段、姜外的其余材料及所有调料，煮至沸腾后，转小火煮约1个小时。
4. 最后过滤出汤汁，即为白卤汁。

东山鸭头

材料

鸭头	2只
东山鸭头卤汁	1锅
色拉油	适量

美味应用

糖色：取300克白糖放入热油中以小火炒至融化、上色后，加入适量水炒匀、煮沸即可。

做法

1. 鸭头洗净，入沸水中汆烫1分钟，再捞出泡入冷水中，待鸭头变凉后捞出去除表面细毛，最后以清水洗净。
2. 将东山鸭头卤汁倒入卤锅中煮沸，放入洗净的鸭头再次煮沸后，转微火续煮约1个小时，然后关火浸泡约40分钟，最后捞出卤熟的鸭头吹凉。
3. 另热锅加油，待油温烧热至约160℃时转中火，再放入吹凉后的卤鸭头油炸至表面焦香即可。

东山鸭头卤汁

材料：水1300毫升，葱、姜各20克，色拉油4大匙

调料：糖色280克，酱油500毫升，白糖400克，米酒100毫升

卤包：八角、甘草、桂皮各10克，花椒粒3克，草果2颗

做法：
1. 葱、姜洗净拍松；将所有卤包材料放入纱布袋中包好，制成卤包，备用。
2. 热锅，倒入色拉油，放入拍松的葱、姜以小火爆香。
3. 取卤锅，放入上一步爆香的葱、姜，再依序放入水、糖色、酱油、白糖、米酒与卤包，待煮沸后转小火，续煮约20分钟至有香味散出。
4. 最后捞去卤包及葱、姜，即为东山鸭头卤汁。

卤水鸭

材料

全鸭　1只
卤水鸭卤汁　1锅

做法

1. 全鸭洗净后沥干，备用。
2. 将卤水鸭卤汁煮至沸腾后，放入洗净的全鸭，转小火再次煮至沸腾时，继续保持沸腾状态约20分钟后熄火，最后盖上锅盖闷约30分钟后，取出切片即可。

卤水鸭卤汁

卤包材料： 草果2颗，八角10克，桂皮、陈皮各8克，沙姜15克，丁香、花椒粒各5克，罗汉果1/4颗，小茴香、月桂叶各3克

卤汁材料： 水1600毫升，酱油400毫升，蚝油、绍兴酒各100毫升，葱30克，白糖100克，香菜茎、大蒜、姜各20克

做法：
1. 草果拍碎后，和其余卤包材料一起放入卤包袋中包好，制成卤包，备用。
2. 葱和姜洗净沥干，再拍松。
3. 热锅，倒入少许色拉油，以小火爆香拍松的葱、姜后，倒入卤汁材料中的水煮至沸腾，再放入其余卤汁材料和卤包，转小火保持沸腾状态约5分钟，至卤汁散发出香味即可。

桂花卤鸭

材料

全鸭 1只

桂花卤汁 1锅

做法

1. 全鸭洗净后沥干，备用。
2. 将桂花卤汁煮至沸腾后，放入洗净的全鸭，转小火煮至沸腾后，续卤约20分钟后熄火，再盖上锅盖浸泡约30分钟，最后取出切片即可。

桂花卤汁

卤包材料：草果1颗，八角3克，桂皮、甘草各4克，桂花少许

卤汁材料：葱40克，姜100克，大蒜15瓣，红辣椒5个

调料：水1200毫升，绍兴酒200毫升，酱油400毫升，白糖100克，葱、姜各20克

做法：1. 草果拍碎后，和其余卤包材料一起放入卤包袋中包好，制成卤包，备用。

2. 葱和姜洗净，沥干后拍松，备用。

3. 热锅，倒入少许色拉油，以小火爆香拍松的葱、姜后，放入调料中的水煮至沸腾，再放入除葱、姜外的其余卤汁材料、剩余调料和卤包，转小火续卤约5分钟至卤汁散发出香味即可。

酱油卤鸭

材料

全鸭	1只
草果	1颗
八角	8克
甘草	10克
陈皮	10克
花椒粒	5克
月桂叶	3克
水	1500毫升
葱	30克
姜	20克
色拉油	4大匙

调料

酱油	500毫升
白糖	250克
米酒	100毫升

做法

1. 全鸭洗净，沥干备用；葱、姜均洗净后拍松，备用。
2. 草果拍碎后，和八角、甘草、陈皮、花椒粒、月桂叶一起放入卤袋中包好，制成卤包，备用。
3. 热锅，倒入色拉油，以中火爆香葱、姜后，放入水、卤包及所有调料煮至沸腾，再放入洗净的全鸭，待卤汁再次沸腾后转小火，期间不时翻动鸭使其均匀受热，卤至汤汁呈浓稠状时，取出切片即可。

啤酒卤鸭

材料

鸭肉	900克
姜片	15克
大蒜	6瓣
花椒粒	15克
葱段	30克
啤酒	1罐
水	1200毫升
色拉油	2大匙

调料

酱油	50毫升
白糖	1小匙
鸡精	1/4小匙
盐	1/2小匙

做法

1. 鸭肉洗净后，放入沸水中汆烫约3分钟后捞起。
2. 热锅，倒入色拉油，再放入姜片、大蒜、葱段和花椒炒香。
3. 再放入汆烫后的鸭肉翻炒约3分钟后，倒入啤酒拌匀，最后放入所有调料、水煮沸后，转小火煮约1个小时即可。

用啤酒卤鸭，不仅能增添风味，还能加快肉质软化。

湘卤鸭翅

材料

鸭翅　　　300克
湘式卤汁　600毫升

做法

1. 鸭翅洗净后，放入沸水中略汆烫，再捞起备用。
2. 取锅，倒入湘式卤汁煮至沸腾后，放入汆烫后的鸭翅，转小火卤约25分钟后熄火，再浸泡10分钟至鸭翅入味，捞起即可。

湘式卤汁

卤包材料：八角6粒，花椒粒100克，甘草、桂枝、陈皮、丁香、小茴香、香叶各50克

香辛料：葱40克，姜100克，大蒜15瓣，红辣椒5个

调料：盐、白糖各100克，鸡精50克，酱油1000毫升，米酒120毫升，高汤3000毫升，色拉油适量

做法：
1. 取锅，倒入少许油，放入所有香辛料爆炒后盛起，备用。
2. 原锅中放入八角和花椒粒炒香后，连同其他卤包材料一起装入卤包袋中绑紧，制成卤包，备用。
3. 原锅放入除色拉油外的其余调料、炒香的香辛料以及卤包，先以大火煮至沸腾，再转小火慢煮4个小时，即为湘式卤汁。

冰糖鸭翅

材料

鸭翅	900克
姜片	15克
葱段	15克
八角	2粒
干辣椒	5克
桂皮	10克
水	1200毫升
色拉油	2大匙

调料

冰糖	3大匙
酱油	150毫升
米酒	50毫升

做法

1. 鸭翅洗净后，放入沸水中汆烫约5分钟后捞出，再泡水至凉后，去除多余杂毛，备用。
2. 热锅，倒入色拉油，放入姜片、葱段爆香后，放入冰糖炒至完全融化。
3. 再放入除冰糖外的其余调料、水拌匀，最后放入八角、桂皮、干辣椒煮沸后，放入处理好的鸭翅，转小火煮约1个小时后熄火，再闷约15分钟即可。

红油卤汁鸭翅

材料

去骨鸭翅　10只（约300克）
红卤汁　2000毫升
葱丝　适量
辣椒丝　适量

调料

辣油　少许
香油　1大匙

做法

1. 去骨鸭翅洗净后，放入沸水中汆烫1分钟，再捞出以冷水冲凉，沥干备用。
2. 红卤汁煮沸后，放入汆烫后的鸭翅，再次煮沸后，转小火保持沸腾状态约30分钟后关火，再浸泡20分钟后捞起。
3. 然后将卤好的鸭翅捞出，去骨。
4. 最后将去骨的鸭翅加入葱丝、辣椒丝及所有调料拌匀后，盛盘即可。

红卤汁

材料： 陈皮、丁香、花椒粒、甘草、月桂叶各5克，草果2颗，八角、沙姜各15克，桂皮8克，小茴香3克，葱30克，姜20克，水1600毫升，色拉油适量

调料： 酱油600毫升，白糖120克，料酒100毫升

做法：
1. 葱洗净后切段；姜洗净后拍扁，备用。
2. 取锅，倒入油烧热后，放入葱段、姜爆香。
3. 然后全部移入汤锅中，再加入水及除葱、姜外的剩余材料拌匀，最后放入所有调料煮沸后，转小火煮约40分钟。
4. 最后过滤留汁，即为红卤汁。

姜母鸭

材料

土番鸭	1只
圆白菜	150克
金针菇	150克
米血糕	120克
豆皮	5张
姜片	300克
米酒	500毫升
水	3000毫升
香油	500毫升
姜母鸭卤包	1包

调料

蘑菇精	1大匙
盐	1小匙
冰糖	1小匙

做法

1. 土番鸭剁小块，放入沸水中汆烫2～3分钟，再捞出以冷水洗净；圆白菜、米血糕均洗净后切小块。
2. 取锅烧热后，倒入香油，再放入姜片炒至金黄色。
3. 接着放入汆烫后的土番鸭块炒至鸭皮略呈卷缩状后，放入水、姜母鸭卤包及调料，开中火煮45分钟。
4. 最后放入圆白菜块、金针菇、米血糕块及豆皮煮沸，约5分钟后熄火，倒入米酒拌匀即可。

姜母鸭卤包

材料： 当归、桂皮各10克，川芎、黄芪、熟地各5克，参须5克

做法： 将所有材料放入卤包袋中绑紧，即为姜母鸭卤包。

烧酒鸭

材料

菜鸭 1只
烧酒鸭卤包 1包
水 3000毫升
香菜 少许

调料

米酒 1000毫升

做法

1. 菜鸭剁小块后，放入沸水中汆烫2～3分钟去杂质、血水，再捞出以冷水洗净，备用。
2. 取深锅，倒入水，放入烧酒鸭卤包、汆烫后的鸭肉块及米酒，盖上锅盖，开中火煮约45分钟后，熄火取出鸭肉块盛盘，最后撒上香菜即可。

美味应用

制作烧酒鸭要选择“菜鸭”，腥味不重。

烧酒鸭卤包

材料：当归、黄芪、枸杞子、白芍、杜仲、玉竹各5克，纱布袋1个

做法：将所有药材放入纱布袋中，并用棉绳将袋口绑紧，即成烧酒鸭卤包。